Dominic Couzens

Rekorde der Vogelwelt

Haupt

Dominic Couzens

Rekorde

der Vogelwelt

130 Extreme

Übersetzt von Coralie Wink und Monika Niehaus

Haupt Verlag

Bern • Stuttgart • Wien

Die englische Originalausgabe erschien 2008 bei HarperCollins Publishers Ltd.
unter dem Titel *Extreme Birds*

Veröffentlichung nach Vereinbarung mit HarperCollins Publishers Ltd.

Verantwortlicher Herausgeber: Jilly MacLeod
Redaktion: Kate Parker
Umschlaggestaltung: Emma Jern
Gestaltung und Projektleitung: Tall Tree Ltd
Produktion: Keeley Everitt
Farblithografie: Colourscan, Singapur

Aus dem Englischen übersetzt von
Coralie Wink, D-Dossenheim, und Monika Niehaus, D-Düsseldorf
Satz und Umschlag der deutschen Ausgabe: Die Werkstatt, D-Göttingen

Bibliografische Information der *Deutschen Nationalbibliothek*
Die Deutsche Nationalbibliothek verzeichnet diese Publikation in der
Deutschen Nationalbibliografie; detaillierte bibliografische Daten sind im
Internet über http://dnb.d-nb.de abrufbar.

ISBN 978-3-258-07549-5

Printed and bound in China

www.haupt.ch

Für Matthew und Daniel

Inhalt

6 Einleitung

8 Körperformen

76 Leistungen

146 Verhalten

214 Familien

284 Register

288 Bildnachweis

Einleitung

Nur wenige Tiergruppen sind so auffällig oder häufig wie Vögel. Fast immer, wenn wir uns im Freien aufhalten, bekommen wir wenigstens einige Vertreter der Vogelwelt zu Gesicht, selbst wenn es nur Tauben oder Spatzen sind. Daher sind Vögel die wohl bekanntesten und beliebtesten Wildtiere.

Viele Rekordhalter der Vogelwelt sind deshalb nicht nur berühmt, sondern auch sehr auffällig. Die größte Säugetierart lebt verborgen im Meer und die größte Schlangenart versteckt sich als Einzelgänger im Busch, aber den Strauß, der durch die afrikanische Savanne stolziert, können Sie nicht übersehen. Gleichzeitig kann der Strauß auch Sie als Betrachter nicht übersehen, da seine Augen, die größten Wirbeltieraugen überhaupt, fünfmal so groß wie Ihre Augen sind. Die Vogelart mit der größten Flügelspannweite, der Wanderalbatros, ist heutzutage zum Symbol geworden, zu einem Sinnbild für die Zerstörung der Weltmeere, die auf das Konto des Menschen geht. Auch die Meisterleistungen des schnellfliegenden Wanderfalken und des tieftauchenden Kaiserpinguins sind vielen Naturfreunden wohl bekannt.

Wenn man sich eingehender mit der Welt der Vögel beschäftigt, entdeckt man etliche erstaunliche, jedoch weniger bekannte Leistungen. Es gibt zum Beispiel einen Vogel, der hundert Tage lang schlafen, und einen anderen, der ohne Unterbrechung mindestens vier Jahre lang fliegen kann. Außerdem kennen wir Vögel, die ein dreidimensionales Hörvermögen besitzen und Nagetiere aus anderthalb Kilometer Entfernung orten können, andere Vögel fliegen in 9000 Meter Höhe, ohne Schaden zu nehmen. Und es gibt sogar Vögel, die Mund und Schnabel als Thermometer einsetzen. Obwohl Vögel physisch und physiologisch wesentlich weniger variieren als viele andere Tiergruppen (das Fliegen bringt viele Beschränkungen mit sich), ermöglichen Anatomie und Physiologie ihnen dennoch erstaunliche Rekorde.

Je länger wir das Verhalten von Vögeln betrachten, desto mehr Überraschendes entdecken wir. Diese Rekorde mögen zwar nicht so eindeutig und spektakulär sein, doch die Art, wie Vögel leben und ihre Probleme lösen, ist nichtsdestotrotz bemerkenswert. Nehmen wir nur die Eulen der Arktis: Sie verstecken erbeutete Nagetiere im «Gefrierfach», um sie später zu verzehren – zum Auftauen setzt sich die Eule dann wie beim Bebrüten der Eier auf die tiefgefrorenen Kadaver.

Das kleine afrikanische Rosenköpfchen, eine Papageienart, transportiert sein Nistmaterial in den Rückenfedern, um beim Fliegen ungehindert zu sein. Die verschiedenen Verhaltensweisen von Vögeln (mit kleinsten Unterschieden, deren Entwicklung einen Wettbewerbsvorteil für die Art ermöglichten) bieten eine Fülle von Rätselhaftem und Erstaunlichem.

Dies zeigt sich nirgends so stark wie bei der Fortpflanzung. Vögel schrecken anscheinend vor nichts zurück, um ihre Gene weiterzugeben – sei es Vergewaltigung, Täuschung oder Parasitismus: Manchmal kommen bei einer Art alle drei Verhaltensweisen gleichzeitig vor. Einerseits werden die Jungen in außerordentlich gut isolierten Nestern umsorgt, können jedoch andererseits ohne viel Federlesens verlassen werden, wenn die Brutbedingungen untragbar werden. Jungvögel «sitzen» auch nicht einfach da und warten ab, was passiert; einige bringen gezielt ihre Nestgeschwister um, andere entledigen sich fauler Eltern. Verzweifelte Überlebensversuche finden sich überall.

Ein Buch dieser Art ist ohne Quellenmaterial nicht zu realisieren, und dafür muss ich einer Gruppe von Menschen danken, deren Mühen oft übersehen werden: den Forschern. Sie sind diejenigen, die stundenlange Anstrengungen und Arbeit investiert haben, doch die Ergebnisse ihrer Untersuchungen schlagen sich manchmal nur in einem einzigen Satz nieder. Es gibt keinen Rekord ohne eine Person, die diesen gemessen hat, und keine Entdeckung einer bis dato unbekannten Verhaltensweise, ohne dass jemand sie im Feld beobachtet und darüber nachgedacht hat. Daher soll dieses Buch vor allem die Mühen der Forscher würdigen.

Mittlerweile ist es fast schon Standard, in jedem Naturbuch einen Appell zum Erhalt und Schutz der Natur auszusprechen, doch in diesem Fall ist Wiederholung angebracht, und ich entschuldige mich nicht dafür, dass ich das Offensichtliche wieder zur Sprache bringe. Einige Arten in diesem Buch, wie Wanderalbatros, Andenkondor, Goldscheiteltaucher und Seggenrohrsänger, haben geringe Populationen und stehen vor dem Aussterben. Sie werden hier natürlich nicht wegen ihrer Seltenheit vorgestellt, sondern wegen irgendeiner extremen Lebens- oder Verhaltensweise. Doch allein die Tatsache, dass in jedem Vogelbuch Merkmale vorgestellt werden, die vom Verschwinden bedroht sind, ist bereits symptomatisch für unseren sorglosen Umgang mit unserer Umwelt. Ich hoffe, dass «Rekorde der Vogelwelt» auf seine Art einen kleinen Beitrag im Kampf gegen diesen Trend liefern und Freude an den gefiederten Mitbewohnern unserer Erde verbreiten kann.

Dominic Couzens

Dorset, April 2008

Körper-
formen

Größte Flügelspannweite · Längste Beine · Größtes Auge · Kleinster Vogel · Wehrhaftester Vogel · Beste Tarnung · Längste Zehen · Kräftigste Krallen · Breitestes Maul · Stärkste Duftnote · Merkwürdigster Schnabel · Längster Schnabel · Bester Energiesparer · Giftigster Vogel · Behaglichstes Unterkleid · Hässlichster Vogel · Leichteste Knochen · Schwergewichtigster Flieger · Unfähigster Flieger · Bestes U-Boot · Beweglichstes Maul · Merkwürdigste Haut · Längste Zunge · Variabelste Federn · Schwerste Hoden · Längster Penis · Schwanzfedern mit dem größten Sex-Appeal · Dickster Bauch · Elegantestes Farbenkleid · Weißester Vogel · Stärkste Variation innerhalb einer Art · Ausgefeilteste Gefiederpflege · Vielgestaltigste Speiseröhre

Größte Flügelspannweite

NAME **Wanderalbatros** *Diomedea exulans*
VORKOMMEN Ozeane auf der Südhalbkugel
BESONDERHEIT längste Flügel aller heute lebenden Vogelarten

Dieser prächtige Wanderalbatros surft auf den Sturmböen um die Inselgruppe South Georgia im Südatlantik. Mit seinen langen, geraden Flügeln kann er bis auf die stärksten Orkane alles meistern und dabei die Energie der Naturgewalten in mühelosen, eleganten Flug umsetzen.

Albatrosse gehören zu den faszinierendsten Vögeln, die man beobachten kann; unter den etwa zwanzig Albatrosarten ist der Wanderalbatros die größte Art. Er besitzt mit nachweislich 3,6 Meter die größte Flügelspannweite aller heutigen Vögel; einzelne Exemplare sollen angeblich eine Spannweite von über vier Meter haben.

Wanderalbatrosse wirken ausgesprochen kräftig – daher ist es erstaunlich, dass diese Vögel rasch erschöpft sind, wenn sie mehr als ein paarmal aktiv mit ihren Flügeln schlagen müssen. Denn die Flügel dieses großen, schweren Vogels sind zu schmal, um das Körpergewicht bei Windstille zu tragen (technisch wird das als Tragflächenbelastung bezeichnet). Wenn jedoch Windgeschwindigkeiten von mehr als 18 Kilometer pro Stunde herrschen, macht sich die Länge des Flügels positiv bemerkbar und erzeugt von Flügelspitze zu Flügelspitze einen Auftrieb, während der Strömungswiderstand gleichzeitig fast vernachlässigbar klein ist. Daher sind die meisten Albatrosse in Ozeanen auf der Südhalbkugel heimisch, wo der Wind ungehindert um den Globus wehen kann.

Eine besondere Flugtechnik, das dynamische Segeln, ermöglicht Albatrossen, große Entfernungen mit geringem Energieeinsatz zu bewältigen. Die Vögel gleiten dem Wellental entlang und drehen dann plötzlich in den Wind, der sie auf eine Höhe von 10 bis 15 Meter hochträgt. Daraufhin gleiten sie zum nächsten Wellental und wiederholen den Vorgang so lange wie nötig.

Größtes Auge

NAME **Strauß** *Struthio camelus*
VORKOMMEN Subsahara-Afrika
BESONDERHEIT größtes Vogelauge

Wenn Ihnen ein Strauß ins Auge blickt, ist es schwierig, seinem Blick auszuweichen. Das liegt wahrscheinlich an dem langen, schlangenähnlichen Hals und dem ernsten, unerschrockenen Ausdruck. Andererseits könnte es auch daran liegen, dass Strauße die größten Augen unter den Vögeln besitzen.

Dies ist aber nicht die einzige beeindruckende Tatsache über das Straußenauge. Mit einem Durchmesser von fünf Zentimeter (von der Hornhaut bis zur Netzhaut gemessen) ist es fünfmal so groß wie das menschliche Auge und größer als die Augen sämtlicher landlebenden Tiere, nur die gewaltigsten Kalmare in der Tiefsee besitzen größere Augen. Absolut gesehen ist das Straußenauge etwa so groß wie der kleinste Kolibri! Insgesamt also ein bemerkenswertes Organ.

Der Strauß benötigt für seine terrestrische Lebensweise große Augen, da er die Savanne mit einer Schar von furchterregenden Fressfeinden teilt. Strauße sind für ihr schnelles Laufen berühmt und erreichen, wenn nötig, Geschwindigkeiten von siebzig Kilometer pro Stunde; das genügt, um den meisten Feinden zu entkommen. Doch zuerst muss der Strauß die Bedrohung entdecken. Mit 2,75 Meter Scheitelhöhe hat er einen ausgezeichneten Überblick über Gras- und Buschland. Währenddessen garantiert die hohe Anzahl an Fotorezeptoren im Auge zusammen mit der immensen Größe des durch die Linse auf der Netzhaut erzeugten Bildes, dass Strauße kleinste Details erkennen können. Tatsächlich liegt die Größe des Straußenauges an der Leistungsgrenze – wäre es größer, so würde das Bild durch Beugungseffekte verzerrt (unscharf) werden.

Kleinster Vogel

NAME **Bienenelfe** *Mellisuga helenae*
VORKOMMEN Kuba
BESONDERHEIT kleinster Vogel

Kolibris mit ihren etwa 300 Arten sind als winzige Vögel bekannt, daher verwundert es nicht, dass ein Kolibri den Weltrekord als kleinster Vogel hält. Dieser Rekord wird allgemein dem Männchen der Bienenelfe zugesprochen, einer Art aus Kuba, die nur 5,7 Zentimeter lang ist – doch es gibt etliche Vogelarten, die diesen Maßen sehr nahe kommen: Die Kolibris der Gattung *Chaetocercus* sind nur sechs bis sieben Zentimeter groß; was das Gewicht angeht, macht der Rote Zwergschattenkolibri *(Phaethornis ruber)* mit weniger als zwei Gramm der Bienenelfe in dieser Kategorie Konkurrenz.

Zurzeit ist jedoch die Bienenelfe offiziell die kleinste Art, bis man eine neue Kolibriart entdeckt, die vorher für ein Fluginsekt gehalten wurde. Das könnte in der Tat passieren – Bienenelfen wirken tatsächlich wie große fliegende Insekten, und einige Kolibriarten wie die Rosenkehlelfe *(Atthis heloisa)* imitieren die Flugweise von Bienen, um nicht durch aggressivere, territoriale Kolibriarten von den Blüten vertrieben zu werden.

Als kleinste Vogelart der Welt hält die Bienenelfe auch andere Rekorde: Mit nur zwei Zentimeter Durchmesser und Tiefe ist ihr Nest das kleinste Vogelnest überhaupt, und in dieses Nest legt sie die vermutlich kleinsten Vogeleier, die nur 12,5 Millimeter lang und 8,5 Millimeter breit sind – sie wiegen nicht einmal halb so viel wie eine Büroklammer. Tatsächlich wären 3000 Bienenelfeneier nötig, um das größte Ei aller heute lebenden Vogelarten, das Straußenei, aufzuwiegen.

Wehrhaftester Vogel

NAME **Helmkasuar** *Casuarius casuarius*
VORKOMMEN Regenwälder von Neuguinea und Nordostaustralien
BESONDERHEIT schlitzt mit der Fußkralle Feinde auf

Im April 1926 machte sich eine Gruppe von Jungen bei der Stadt Mossman in Nordost-Queensland (Australien) auf, um zum Spaß Kasuare zu jagen. Als sie einen Helmkasuar durch den Regenwald verfolgten, stolperte der 16-jährige Phillip McClean über einen Ast und fiel hin. In diesem Augenblick wurde aus dem Jäger ein Gejagter: Der Vogel attackierte ihn, hieb mit seiner mittleren Kralle auf ihn ein und schlitzte dabei die Halsader auf. So wurde der arme McClean zum ersten und bisher einzigen dokumentierten Opfer eines wilden Helmkasuars in Australien. Der Junge ist außerdem einer der wenigen Menschen, die jemals durch einen Vogel zu Tode gekommen sind.

Nach Strauß und Emu ist der Helmkasuar – eine von drei Kasuararten – die drittgrößte heute lebende Vogelart; der flugunfähige Vogel ist ein Bewohner der tropischen Regenwälder. Er ist etwa so groß wie ein durchschnittlicher Mensch und bis zu sechzig Kilogramm schwer, kann bis zu fünfzig Kilometer pro Stunde schnell laufen und laut einigen Berichten bis zu 1,5 Meter hoch springen. Die normalerweise friedlichen Helmkasuare greifen Menschen nur selten und bei äußerster Provokation an.

Sie sind jedoch bestens in der Lage, sich zu verteidigen. Auf dem Kopf tragen sie einen kräftigen Kopfhöcker (Helm), sodass sie ihre Feinde mittels Kopfstoß attackieren können – was bei den meisten Gegnern bereits ausreicht. Doch wirklich tödlich sind die Krallen. Kasuare haben an jedem Fuß drei Zehen, jede mit einer Kralle bewehrt. Die mittlere Kralle wird bis zu zwölf Zentimeter lang und ist messerscharf. Wenn der Helmkasuar damit ausholt, kann er mit Leichtigkeit Gewebe durchtrennen und einem Gegner den Bauch aufschlitzen. Bekannt ist, dass alleine seit 1990 sechsmal Menschen attackiert wurden, darunter mehrmals Tierwärter in Zoos; ein Angriff endete tödlich.

Dieses adulte Moorschneehuhn versteckt sich in einer Schneehöhle und «weiß», dass das weiße Gefieder es schützen wird – ein perfektes Beispiel für Tarnung bei einer Art, die als «schmackhafter Happen» von etlichen Fleischfressern der Tundra als Nahrung geschätzt wird.

In der Vogelwelt sind sehr viele Arten auf die eine oder andere Weise getarnt, doch Moorschneehühner sind deshalb außergewöhnlich, weil sie das Federkleid bis zu dreimal im Jahr wechseln, um sich dem Lauf der Jahreszeiten in ihrem Lebensraum anzupassen. Ein weißes Winterkleid ist bis zur Schneeschmelze eine gute Tarnung, wird danach aber zur Gefährdung, da es die Vögel jetzt *stärker* und nicht weniger auffällig macht. Daher mausern Moorschneehühner im Frühling vor Brutbeginn. Sie legen sich immer mehr rotbraune Federn zu, um sich im Aussehen der Vegetation anzupassen, die allmählich unter der abtauenden Schneedecke erscheint. Zuerst sind sie gefleckt, so als ob das Weiß aus ihren Federn abschmilzt, aber wenn im Hochsommer die Umwandlung abgeschlossen ist, sind sie fast überall kräftig braun. Ihr Federkleid ist jetzt anders, doch für die Jahreszeit ist es genauso perfekt wie das Winterkleid.

Nach der Brutzeit durchlaufen Moorschneehühner zwei rasch aufeinanderfolgende Mausern. In Einklang mit der Umgebung, deren Farben ausbleichen und matter werden, wechselt der Farbton zunächst zu einer schlichteren, graueren Version des Sommergefieders. Später, wenn die Tundra erneut im langen Arktiswinter versinkt, spiegeln sich diese Veränderungen wiederum im Gefieder der Vögel: Weiße Flecken erscheinen im Federkleid, wachsen und fließen zusammen, bis sich die Moorschneehühner schließlich kaum mehr von der Schneelandschaft abheben.

Beste Tarnung

NAME	**Moorschneehuhn** *Lagopus lagopus*
VORKOMMEN	zirkumpolare Arktisregionen
BESONDERHEIT	kann sich zu jeder Jahreszeit verstecken

Blatthühnchen bieten ein ausgezeichnetes Beispiel für eine Vogelfamilie, die sich auf einzigartige Weise an einen einzigartigen Lebensraum angepasst hat. Eigentlich sehen sie wie «normale» Watvögel aus, wären da nicht die bemerkenswert langen Zehen, die wie Spinnenbeine wirken. Bei keinem anderen Vogel sind die Zehen im Vergleich zur Größe so weit abgespreizt. Andererseits verbringt auch keine andere Vogelart ihr gesamtes Leben in der schwankenden Welt schwimmender Seerosenblätter.

Die Messwerte sprechen für sich: Die längste Zehe beim Kammblatthühnchen, der größten Art, ist rund zwanzig Zentimeter lang, und jeder Fuß kann eine Oberfläche von etwa 300 Quadratzentimeter bedecken. Dadurch verteilt sich das Körpergewicht des Vogels auf einer derart großen Fläche, dass er nicht versinkt, wenn er über die Schwimmblattvegetation schreitet.

Es ist eine Alles-oder-Nichts-Anpassung. Bei den Blatthühnchen spielt sich das gesamte Leben, einschließlich Balz und Brutgeschäft, wortwörtlich auf schwankendem Boden ab. In solcher Umgebung besitzt das Nest, das immer ein Schwimmnest ist, besondere Bedeutung. Bei Blatthühnchen ist das Nest meistens ein Haufen aus Pflanzenmaterial; das Männchen legt gleichzeitig mehrere Nester an. Möglicherweise registriert das Weibchen bei der Paarung, wie gut das jeweilige Nest dem Gewicht von zwei Vögeln gewachsen ist, bevor es sich entscheidet, in welches Nest es seine Eier legt.

Längste Zehen

NAME	**Kammblatthühnchen** *Irediparra gallinacea*
VORKOMMEN	Australien
BESONDERHEIT	besonders lange Zehen

Kräftigste Krallen

NAME **Harpyie** *Harpia harpyja*
VORKOMMEN Zentral- und Südamerika
BESONDERHEIT sehr kräftige und lange Hinterzehenkrallen

Die beeindruckende Harpyie ist der größte «aktive» Greifvogel der Welt. Einige Geierarten mögen zwar größer sein, sind jedoch vorwiegend Aasfresser und fangen nur selten lebende Beute. Diese Adlerart ist dagegen ein «Berufskiller», der fast alle mittelgroßen Säugetiere und großen Vögel angreift, auf die er trifft.

Die Maße dieses mächtigen Beutegreifers sind furchterregend: Seine Körperlänge beträgt über einen Meter, mit einer Flügelspannweite von fast zwei Meter, und er kann vier bis neun Kilogramm wiegen – dabei sind Weibchen wesentlich größer und schwerer als Männchen. Trotz dieser Größe sind Harpyien erstaunlich wendig und können ihre Beute in dichten Wäldern geschickt verfolgen, diese aber auch vom Ansitz aus im Sturzflug ergreifen. Gefährlich ist die sieben Zentimeter lange Hinterzehenkralle, denn sie ist messerscharf.

Daher ist es nicht erstaunlich, dass Harpyien den Rekord für die größte von Vögeln geschlagene und abtransportierte Beute halten, es handelte sich um einen Bolivianischen Brüllaffen *(Alouatta sara)* von 6,8 Kilogramm. Außer Affen erbeuten Harpyien zahlreiche weitere Tierarten, besonders Faultiere sind für sie ein Leckerbissen. Wahrscheinlich besteht die Nahrung der Harpyien sogar in beträchtlichem Maß aus Faultieren; diese werden vermutlich deshalb so leicht erlegt, weil sie sich gewöhnlich frühmorgens in den Baumwipfeln sonnen. Die Vögel schlagen darüber hinaus Hausschweine und Ziegen, junge Nabelschweine (Pekaris) sowie Gürteltiere, Stachelschweine, Füchse und Aras. Auch Schlangen, die bis etwa fünf Zentimeter dick sind, werden erbeutet – die Harpyie zerkleinert sie einfach mit ihren kräftigen Fängen.

Bisher wurde noch niemals berichtet, dass Harpyien Menschen attackieren. Wenn Sie jedoch zufällig allein im Amazonas-Regenwald herumstreifen sollten, halten Sie zur Sicherheit lieber Ausschau nach oben!

Breitestes Maul

NAME **Eulenschwalm** *Podargus strigoides*
VORKOMMEN Australien
BESONDERHEIT breiter Schnabelspalt

Es gibt einige Vogelfamilien, die um den Titel «größte Mundöffnung im Verhältnis zur Körpergröße» wetteifern, doch vermutlich können die Eulenschwalme aus Australasien und dem Fernen Osten diesen am ehesten beanspruchen. Schon der englische Name «frogmouth» (Froschmaul) deutet auf die breite Mundöffnung und den großen Rachen hin. Wie auf dem Foto zu sehen ist, wirkt der Eulenschwalm (auch Rieseneulenschwalm genannt) durch seinen überproportional großen Kopf äußerst merkwürdig – denn der große Kopf steht einem vergleichsweise kleinen Rumpf gegenüber.

Der Eulenschwalm besitzt einen etwa fünf Zentimeter breiten Schnabelspalt (von Mundwinkel zu Mundwinkel) und kann diesen etwa genauso hoch öffnen. Dadurch entsteht ein großes «Maul», um die unterschiedlichsten Beutetiere aufzuschnappen; auch große Insekten und Spinnen sowie gelegentliche Frösche, Eidechsen, Kleinsäuger und sogar Vögel gehören dazu. Der Eulenschwalm lauert gewöhnlich auf einem Ansitz, ergreift die Beute nach kurzem Sturzflug am Boden und verschluckt sie meistens unzerteilt. Beutetiere, die sich zu wehren versuchen, werden jedoch totgeschüttelt oder gegen eine harte Oberfläche geschlagen, um die Knochen und damit den Widerstand zu brechen. Vor dem kräftigen, scharfkantigen Schnabel des Eulenschwalms gibt es kein leichtes Entkommen.

Nach einigen, allerdings noch nie bestätigten Beobachtungen setzen Eulenschwalme ihr Maul vielleicht noch auf andere, unkonventionellere Weise ein. Manchmal sieht man den Eulenschwalm auf einem Ansitz wartend, wobei die Mundöffnung bis auf ein gelegentliches Zuschnappen minutenlang weit geöffnet ist. Man vermutet, dass die Mundhöhle einen geruchsintensiven Speichel absondert, der als Köder zum Anlocken von Insekten dient. Wenn dies stimmt, wäre es in der Vogelwelt einzigartig.

Stärkste Duftnote

NAME **Schopfalk** *Aethia cristatella*
VORKOMMEN Beringmeer
BESONDERHEIT starker Körpergeruch

Obwohl der Schopfalk schon vom Aussehen her unverkennbar ist, können Ornithologen diese Art sogar mit geschlossenen Augen bestimmen – solange der Wind in ihre Richtung weht. Denn Schopfalken und die nahe verwandten Bartalken *(Aethia pygmaea)* sind so ziemlich die am stärksten riechenden Vögel überhaupt.

Diese Vögel brüten in Kolonien auf Inseln im Beringmeer. Besucher, die sich per Schiff näherten, konnten die Kolonien manchmal bereits aus zehn Kilometer Entfernung ausmachen – dies ist aufgrund des sehr charakteristischen, mandarinenähnlichen Dufts möglich, der nur für diese beiden Arten typisch ist.

Das Interessanteste an diesem Geruch ist die Frage, wozu er dient. Niemand weiß es genau; man sollte aber annehmen, dass ein solches Merkmal einen biologischen Zweck erfüllt, denn sonst würde es vermutlich nicht beibehalten. Am plausibelsten erscheint die Erklärung, dass die Vögel ihre Brutkolonien anhand des Geruchs auffinden können, wenn sie vom Fischfang auf dem Meer zurückkehren. Möglicherweise hilft der Geruch ihnen auch, ihre Geburtskolonie wiederzufinden, ähnlich wie Lachse mithilfe ihres Geruchssinns wieder zu ihren Geburtsgewässern zurückfinden.

Merkwürdigster Schnabel

NAME **Amerikanischer Scherenschnabel** *Rynchops niger*
VORKOMMEN Nord- und Südamerika
BESONDERHEIT merkwürdige Schnabelform

Eine perfekte Vereinigung von Form und Funktion: Ein Amerikanischer Scherenschnabel fliegt über eine flache Lagune und pflügt mit dem Unterschnabel durch das Wasser, um Fische durch Berührung aufzuspüren, während der Oberschnabel über dem Wasser geöffnet ist. Nur der Scherenschnabel sucht seine Nahrung regelmäßig auf diese Weise und hat einen so ungewöhnlich gebauten Schnabel.

Der Schnabel dieses Vogels ist lang und groß; am auffälligsten ist jedoch, dass der Unterschnabel den Oberschnabel um ein bis drei Zentimeter überragt und dem Scherenschnabel damit ein fast groteskes und für Vögel einzigartiges Aussehen verleiht. Doch diese Längenunterschiede sind wohl eher ein Nebeneffekt als die Ursache für die Ernährungsweise des Vogels. Beim Durchpflügen der Wasseroberfläche wird der Unterschnabel stark beansprucht, und von Zeit zu Zeit bricht seine Spitze ab, wenn sie an einen Gegenstand stößt. Der verhornte Schnabelteil, die Rhamphotheka (Hornscheide), wächst ähnlich wie beim Fingernagel kontinuierlich nach, allerdings beim Unter- schneller als beim Oberschnabel, sodass es zur Asymmetrie kommt.

Der funktionell erstaunlichste Teil des Schnabels ist die messerähnliche Unterschnabelspitze, die mit minimalem Widerstand wortwörtlich durch das Wasser schneidet. Die Spitze ist so schmal, dass sich dabei nur sehr wenige Turbulenzen im Wasser bilden; genau dieser Schnabelteil berührt die Fische in Oberflächennähe – weiter hinten verbreitert sich der Schnabel erheblich. Sobald ein Treffer erfolgt, beugt der Vogel den Hals blitzschnell und ergreift die Beute mit beiden Schnabelhälften – oft zeigt der Kopf des Scherenschnabels bei diesem Fangmanöver sogar nach hinten.

Wie das Foto gegenüber zeigt, ist es nicht schwierig, das Besondere am Schwertschnabelkolibri auszumachen: Der außergewöhnlich verlängerte Schnabel ist nämlich fast so lang wie der Vogel selbst. Das Männchen ist durchschnittlich 14 Zentimeter lang mit einem Schnabel von bis zu zehn Zentimeter, während der Schnabel beim 13 Zentimeter großen Weibchen erstaunliche elf bis zwölf Zentimeter misst! Keine andere Vogelart hat einen auch nur annähernd so überproportional langen Schnabel.

Es ist ebenso offensichtlich, warum der Schwertschnabelkolibri einen derart langen Schnabel hat. Wie bei Dutzenden anderer Kolibriarten ist auch sein Schnabel perfekt an die Form der Blüten angepasst, aus denen er Nektar trinkt. Während der gemeinsamen Evolution von Pflanzen und Vögeln haben immer extremere Blütenformen die Selektion von immer extremer angepassten Schnabelformen bewirkt: Der Vogel verdrängt seine Konkurrenten um den Nektar, die Pflanze sichert sich ihre Bestäubung. Der Schwertschnabelkolibri hat sich auf Pflanzen mit langen, hängenden Blüten spezialisiert, wie Engelstrompeten, Passionsblumen und Fuchsien. Diese sind in der Natur zwar oft nicht so zahlreich wie andere Pflanzen, doch dafür ist jede Pflanze eine ergiebige Nektarquelle.

Eine derart extreme Anpassung führt natürlich zu Schwierigkeiten für den Kolibri. Er muss immer – wie im Foto – mit steil aufgerichtetem Schnabel sitzen und fliegen, da er sonst das Gleichgewicht verlieren würde. Und auch die Gefiederpflege ist ein gewisses Problem; da der Schnabel dafür nicht in Frage kommt, muss der Vogel sich mit den Füßen putzen!

Längster Schnabel

NAME	**Schwertschnabelkolibri** *Ensifera ensifera*
VORKOMMEN	Anden
BESONDERHEIT	längster Vogelschnabel im Verhältnis zur Körpergröße

Bester Energiesparer

NAME **Wegekuckuck** *Geococcyx californianus*
VORKOMMEN Südwest-USA und Mexiko
BESONDERHEIT wärmeadsorbierende Haut auf dem Rücken

Falls Sie dachten, der Wegekuckuck («roadrunner») sei nur eine Zeichentrickfigur, wird das Foto gegenüber Sie hoffentlich überzeugen, dass dieser Vogel wirklich existiert und sogar außerhalb von Hollywood vorkommt. Von allen flugfähigen, heute lebenden Vogelarten kann der Wegekuckuck am schnellsten laufen; wenn nötig, erreicht er sogar beeindruckende 24 Kilometer pro Stunde, macht dabei aber leider nicht «beep beep».

In Wirklichkeit gehört der «echte» Roadrunner zur Familie der Kuckucke; dieser Vogel bietet das perfekte Beispiel einer Tierart, die ideal auf den Lebensraum Wüste eingestellt ist: Dank zahlreicher Anpassungen kann er mit den extrem variablen Temperaturen in der Wüste, wo das Thermometer tagsüber nach oben schießt und nachts extrem abfällt, zurechtkommen. Hierzu verhält sich der Wegekuckuck ähnlich wie ein Reptil. Er ist zwar ein Warmblüter, doch wenn es nach Sonnenuntergang abkühlt, beginnt er, seinen eigenen «Thermostaten» herunterzufahren: Er vermindert die Stoffwechselrate, senkt die Körpertemperatur um ein paar Grad und spart so Energiekosten; dadurch fällt er gewissermaßen in einen Starrezustand.

Morgens muss der Wegekuckuck sich schnell aufwärmen, und dies geschieht auf äußerst ungewöhnliche Weise, indem er seinen eigenen «Sonnenkollektor» einsetzt. Ein besonderes befiedertes Hautareal (Federfeld) auf dem Rücken des Vogels ist dunkel gefärbt (es enthält das Pigment Melanin, das Sonnenlicht adsorbiert). Der Wegekuckuck plustert diese Federn auf, damit das Sonnenlicht direkt auf die Haut fallen kann. Die wichtige Wärme wird dann vom Melanin adsorbiert und an die Blutgefäße abgegeben, die sie im ganzen Körper verteilen. Nach einem etwa halbstündigen Sonnenbad kann der Vogel wieder herumrennen. Er hat durch diesen «Trick» etwa fünfzig Prozent der Energie eingespart, die nötig wäre, um ohne die Hilfe seiner eigenen solargetriebenen Heizung in Schwung zu kommen.

Giftigster Vogel

NAME **Zweifarbenpitohui** *Pitohui dichrous*
VORKOMMEN Neuguinea
BESONDERHEIT giftige Federn

Im Sommer 1986 untersuchte der Feldbiologe Jack Dumbacher Paradiesvögel in Neuguinea. Im Zuge dieses Projekts mussten die Untersuchungsobjekte eingefangen und beringt werden; dabei mussten zahlreiche andere Vögel, die sich ebenfalls in den Japannetzen verfangen hatten, wieder freigelassen werden. Zu diesem «Beifang» gehörten Zweifarbenpitohuis, die häufige Regenwaldbewohner sind.

Eines Tages wollte Dumbacher einen der mitgefangenen Zweifarbenpitohuis freilassen, als der Vogel nach ihm schnappte und ihn kratzte. Der Biologe steckte seinen blutenden Finger in den Mund und nahm sofort eine merkwürdige Betäubung wahr. Ihm wurde klar, dass dieses Gefühl durch ein Toxin hervorgerufen wurde, doch erst als er eine Feder des Vogels ableckte, erkannte er, dass diese und nicht irgendeine Pflanze in der Nähe die Giftquelle war. Dumbacher war auf den ersten Fall von giftigen Vogelfedern gestoßen. Obwohl Zweifarbenpitohuis der Wissenschaft seit Jahrhunderten bekannt waren und in den Museen weltweit Dutzende von Bälgen existierten, hatte zuvor niemand das Phänomen bemerkt.

Das Toxin im Gefieder des Zweifarbenpitohuis ist dasselbe Neurotoxin, das in der Haut von südamerikanischen Baumsteigerfröschen (Pfeilgiftfröschen) vorkommt. Obwohl die Haut und jede Feder des Zweifarbenpitohuis genügend Gift enthalten, um mehrere Labormäuse umzubringen, sind die Konzentrationen erheblich niedriger als bei den Pfeilgiftfröschen, und es ist unwahrscheinlich, dass ein Fressfeind, der einen Zweifarbenpitohui angreift, dadurch getötet würde. Trotzdem wäre die Wirkung schon beim ersten Zuschnappen so unangenehm, dass der Räuber in Zukunft einen großen Bogen um diese Vogelart machen wird. Möglicherweise tragen die Toxine auch dazu bei, Haut und Federkleid von Parasiten freizuhalten.

Behaglichstes Unterkleid

NAME **Steppenflughuhn** *Syrrhaptes paradoxus*
VORKOMMEN Zentralasien
BESONDERHEIT Rundum-Daunenkleid

Auf den windigen Steppen Zentralasiens kann es sehr kalt werden, dort sind die Steppenflughühner zuhause, die ihr heimliches Leben im Schutz ihres tarnenden Federkleids und ihrer noch heimlicheren Lebensgewohnheiten führen. Über die Mittagszeit kann es hingegen brüllend heiß sein, so sehr, dass alles «dicht» macht und den Schatten sucht oder in Apathie verfällt. Diese Klimaextreme stellen für die dort heimische Fauna die größte Herausforderung dar. Um mit derart großen Temperaturschwankungen zurechtzukommen, haben Steppenflughühner und andere Flughuhnarten, die alle in den ariden Regionen der Alten Welt leben, einige äußerst ungewöhnliche Anpassungen entwickelt.

Die interessanteste dieser Anpassungen – bei Vögeln einmalig – erfüllt in etwa die Funktion von Thermounterwäsche. Während die Daunenfedern bei den meisten Vögeln in Feldern (sogenannten Federfluren) unter dem Deckgefieder angeordnet sind und dazwischen federfreie Bereiche (Federraine) liegen, haben Flughühner eine durchgehende Lage aus schwarzen, pelzigen Daunen (auch als Dunen bezeichnet). Überdies sind die Konturfedern, die das Deckgefieder bilden, an der Basis besonders «daunig». Nichts kann diese Schutzschicht durchdringen, nicht einmal an Beinen und Zehen, da diese nicht nackt, sondern befiedert sind.

Diese Thermoschicht ist für die Temperaturregulierung ideal, doch das ist nicht die einzige Besonderheit der Flughühner. Sie besitzen außerdem eine bessere Fähigkeit zur Abkühlung als die meisten anderen Vögel, indem sie Wasser über die Haut verdunsten.

Man muss nur einen Blick auf das Foto werfen, um sich von der offenkundigen Hässlichkeit des Marabus zu überzeugen. Mit Sicherheit können nur andere Marabus diesen Vogel attraktiv finden. Aber sollten wir nicht bei etwas objektiverer und eher wissenschaftlicher Betrachtungsweise in der Lage sein, einige positive Merkmale zu finden?

Leider entdecken wir bei genauerem Nachforschen weitere Tatsachen, die uns abstoßen. Der Marabu, ein Vertreter der Störche, ist ein Vogel des Todes, ein Aasfresser, der seine Zeit überwiegend an Tierkadavern verbringt, manchmal auch an Menschenleichen. Er pickt kleine Fleischstücke heraus und hält sich abseits der Knochen fleddernden Meute. Wenn er sich nicht in Gesellschaft von Hyänen, Schakalen und Geiern am Aasplatz aufhält, besucht er stattdessen die Müllhalden der Menschen – lassen wir uns besser nicht genauer darüber aus, was er dort verzehrt. Ferner dient es seiner Popularität nicht, dass er regelmäßig «niedliche» Flamingos vor Touristen umbringt und außerdem die unappetitliche Angewohnheit hat, seine eigenen Beine mit seinen Ausscheidungen zu bespritzen, um diese zu kühlen. Insgesamt geben Marabus sich keine Mühe, um etwas für ihr Image zu tun.

Verständlicherweise sind ein kahler Kopf und Hals für einen Aasfresser sinnvoll, denn Blut und diverse Körpersäfte würden das Gefieder nur verkleben und zu Problemen führen. Der riesige Schnabel ist leichter, als er aussieht, und erstaunlich berührungsempfindlich. Auffällig ist der hässliche, herabhängende Kehlsack – er dient der Temperaturkontrolle und der Kommunikation der Marabus untereinander. In der ganzen Vogelwelt existieren jedoch nur wenige Arten mit derart vielen Merkmalen, die wir Menschen als unattraktiv empfinden. Selbst bei einem so subjektiven Urteil wird kaum jemand widersprechen, wenn wir diese Vogelart zum hässlichsten Vogel der Welt erklären.

Hässlichster Vogel

NAME **Marabu** *Leptoptilos crumeniferus*
VORKOMMEN Subsahara-Afrika
BESONDERHEIT unglaublich hässlich

Leichteste Knochen

NAME **Bindenfregattvogel** *Fregata minor*
VORKOMMEN tropische Meere
BESONDERHEIT leichtestes Vogelskelett

Fregattvögel gehören zu den Vogelarten, die sich am einfachsten bestimmen lassen. Dank ihres dunklen Gefieders, der großen Flügelspannweite, des stromlinienförmigen Körpers und des gegabelten Schwanzes sind sie insgesamt unverwechselbar – sie wirken fast etwas bedrohlich, wenn sie wie riesige Schwalben über uns segeln und herunterschauen, während der lange, hakenförmige Schnabel zum Zustoßen bereit erscheint. Auf dem Foto gegenüber ist ein männlicher Bindenfregattvogel mit rotem aufgeblasenem Kehlsack abgebildet, dieser spielt während des Balzrituals eine Rolle.

Obwohl Fregattvögel eindeutig Seevögel sind, können sie nicht richtig schwimmen und begeben sich fast nie ins Wasser. Ihre Füße sind schwach und haben zwischen den Zehen nur Ansätze von Schwimmhäuten, das Gefieder ist nicht wasserdicht. Trotzdem sind Fregattvögel oft weit draußen auf hoher See anzutreffen, wo sie nach Nahrung suchen: Mit wendigen Flugmanövern ergreifen sie Fische und Kopffüßer mit dem Schnabel von der Meeresoberfläche. Fregattvögel sind außerdem sehr geschickte Futterräuber, die anderen Vogelarten, aber auch ihren Artgenossen die Beute abjagen, indem sie ihre Opfer in der Luft verfolgen: Dabei greifen sie ausgewachsene Tölpel oder Seeschwalben an, die zum Nest zurückkehren, und bedrängen diese, bis die Gejagten ihre Beute fallen lassen. Manche Fregattvögel widmen sich wochenlang dieser Art des Nahrungserwerbs.

Wenn man einem Fregattvogel dabei zusieht, wie er einen anderen Seevogel bedrängt, so muss man diesem verwegenen Flugakrobaten Bewunderung zollen. Die Flugkünste sind das Ergebnis mehrerer bemerkenswerter Anpassungen. Fregattvögel haben das leichteste Skelett unter den Vögeln, es macht nur fünf Prozent des Körpergewichts aus! Die Knochen sind weitgehend hohl und luftgefüllt – ihr Gesamtgewicht liegt erstaunlicherweise unter dem Gewicht des Federkleids! Durch seine übergroßen Flügel ist die Tragflächenbelastung (das Verhältnis von Flügelfläche zu Körpergewicht) beim Bindenfregattvogel am geringsten, daher kann er besonders gut segeln. Die Flügelform schließlich garantiert, dass der Vogel sehr geschickte Flugmanöver durchführen kann.

Dieses Foto besitzt Seltenheitswert: Irgendetwas hat diese Riesentrappe offenbar derart gestört, dass sie sich – gegen ihre Gewohnheit – in die Luft erhoben hat. Normalerweise stolzieren Riesentrappen viel lieber wie ein «Mini-Strauß» über die afrikanische Savanne.

Doch obwohl die Riesentrappe so massig und schwerfällig wirkt, kann sie zweifellos fliegen und ist damit möglicherweise der schwerste fliegende Vogel der Welt. Ein ausgewachsenes Männchen brachte 19 Kilogramm auf die Waage – das Gewicht eines Kleinkinds. Doch wie so oft, wenn Rekorde aufgestellt werden, gibt es andere Aspiranten, insbesondere die schwersten Exemplare der nahe verwandten Großtrappe *(Otis tarda)* mit angeblich 21 Kilogramm beziehungsweise des Höckerschwans *(Cygnus olor)* mit unglaublichen 24 Kilogramm. Letztendlich liegen all diese Vogelarten an der Obergrenze dessen, was in Anbetracht ihrer Physiologie und Anatomie möglich ist. Man hat zum Beispiel zeigen können, dass Vögel im Dauerflug unter Stress geraten, wenn ihr Gewicht zwölf Kilogramm überschreitet.

Riesentrappen fliegen vermutlich in jedem Fall nicht sehr weit. Sie können schnell laufen und Fressfeinden auf diese Weise entkommen. Zudem sind sie wachsam und gut getarnt, daher ist es von vornherein eher unwahrscheinlich, dass sie entdeckt werden.

Es gibt sogar Hinweise auf Ortswechsel bei Riesentrappen, wenn sie nach der Brutzeit über geringe Entfernungen wandern oder aus dem offenen Gelände in einen stärker geschlossenen, bewaldeten Lebensraum wechseln. Doch es ist nicht bekannt, ob dieser Ortswechsel fliegend oder laufend erfolgt.

Schwergewichtigster Flieger

NAME	**Riesentrappe** *Ardeotis kori*
VORKOMMEN	östliches und südliches Afrika
BESONDERHEIT	trotz des hohen Gewichts flugfähig

Vögel sind als fliegende Lebewesen bekannt. Die Eleganz eines Albatros ist sprichwörtlich, die Manövrierkünste eines Kolibris sind atemberaubend. Doch von allen Vögeln zeigen die Steißhühner am deutlichsten, wie schwierig das Fliegen sein kann, und wirken dabei in ihrer Unbeholfenheit fast komisch.

Steißhühner verbringen ihr Leben überwiegend am Boden; sie müssen nur auffliegen, wenn sie beispielsweise von Bodenräubern verfolgt werden. Die schweren muskulösen Vögel haben große Füße, doch Flügel und Schwanz – aerodynamisch unverzichtbar – sind für einen Vogel ihrer Größe entschieden zu klein. Wenn Steißhühner einen «Notstart» hinlegen müssen, verlieren sie häufig die Kontrolle und kollidieren dabei mit Gegenständen in der Flugbahn wie Bäumen und Felsen – oft kommen sie sogar dabei um. Auch die Landung hat etwas von einer kontrollierten Bruchlandung, und die Vögel setzten regelmäßig im rasanten Laufschritt auf.

Selbst wenn Steißhühner einmal in der Luft sind, ist ein Langstreckenflug nicht ihre Sache – mehr als etwa 500 Meter können sie nicht bewältigen. Das Problem liegt im Blutkreislauf, da ihre Blutgefäße ungewöhnlich eng und ihr Herz im Verhältnis zur Körpergröße das kleinste im ganzen Vogelreich ist. Die Lungenkapazität ist ebenfalls gering.

Falls Sie jedoch annehmen, dass Steißhühner an ihre alltägliche Umwelt schlecht angepasst sind, sollten Sie sich klar machen, dass sie eine äußerst erfolgreiche Familie mit 46 heute lebenden Arten bilden, die in ganz Südamerika bis hoch nach Mexiko vorkommen. Sie sind keine Versager; als ausgesprochene Bodenbewohner sind sie einfach besonders gut an diese Lebensweise angepasst.

Unfähigster Flieger

NAME	**Fleckensteißhuhn** *Nothura maculosa*
VORKOMMEN	Südamerika
BESONDERHEIT	kann kaum fliegen

Bestes U-Boot

NAME **Schlangenhalsvogel** *Anhinga melanogaster*
VORKOMMEN wärmere Regionen der Alten Welt
BESONDERHEIT Gefieder wird durchnässt, sodass der Vogel leichter absinken kann

Der Schlangenhalsvogel auf dem Foto gegenüber, halb unter Wasser und nur mit Kopf und Hals sichtbar, zeigt die für diese Art typische Pose. Der (Altwelt)-Schlangenhalsvogel und sein Gegenstück in Amerika, der Amerikanische Schlangenhalsvogel *(Anhinga anhinga)*, sind die beiden Vogelarten, die ihren Auftrieb am besten kontrollieren können. Sie verhalten sich wie ein Mini-U-Boot, bei dem Kopf und Hals die Rolle des Periskops (Sehrohrs) übernehmen.

Es mag auf den ersten Blick absurd erscheinen, dass ein Wasservogel hauptsächlich ans Versinken angepasst ist, während sonst sprichwörtlich vom Wasser, das vom Gefieder abperlt, die Rede ist, doch die ökologische Nische des Schlangenhalsvogels ist einzigartig. Statt der Beute nachzujagen, ist er ein heimlicher Unterwasserjäger, der wartet, bis seine Beute in Griffweite kommt. Er schwimmt nicht umher, sondern lauert stattdessen im Schatten; dabei breitet er häufig seine Flügel aus, um unter Wasser einen eigenen Schatten zu erzeugen. In vielerlei Hinsicht jagt der Schlangenhalsvogel wie ein «Unterwasser-Reiher» und hat genau wie die Reiher besondere Halswirbel, sodass sich der Hals S-förmig zurückziehen und dann wie eine Harpune vorschnellen lässt. Dadurch werden die Fische oft mit dem Schnabel aufgespießt.

Damit Schlangenhalsvögel unter Wasser effektiv absinken können, weist ihr Körperbau einige sehr ungewöhnliche Anpassungen auf. Während die Knochen bei den meisten Vögeln hohl und leicht sind, sind sie bei Schlangenhalsvögeln dichter und schwerer als normal. Das Gefieder wiederum ist so ausgebildet, dass es vollständig durchnässt, wenn der Vogel untertaucht. Durch eine besondere Feinstruktur der Federn kann Wasser in die Zwischenräume eindringen; das Gefieder des Schlangenhalsvogels ist beispielsweise dreimal so wasserdurchlässig wie beim Kormoran. Wenn der Schlangenhalsvogel also auf Tauchstation geht, hat er fast keinen Auftrieb und kann daher seine Bewegungen genau kontrollieren, ohne befürchten zu müssen, dass sein Körper zur Oberfläche hochgedrückt wird.

Beweglichstes Maul

NAME **Ziegenmelker** *Caprimulgus europaeus*
VORKOMMEN Eurasien
BESONDERHEIT die Kiefer bewegen sich nicht nur auf und ab, sondern auch seitwärts

Dieser schlafende Ziegenmelker ist auf dem Ast durch sein Tarngefieder und seine Reglosigkeit kaum zu erkennen. Als nachtaktiver Jäger versteckt er sich bei Tag und erwacht nur nachts zum Leben.

Ziegenmelker, auch als Nachtschwalben bezeichnet, haben sich auf eine Nahrung spezialisiert, die zwar reichlich vorkommt, jedoch schwer zu erbeuten ist: nachtaktive Fluginsekten. Tagsüber stellen Hunderte von Vogelarten den Fluginsekten in rasanter Luftjagd nach; nachts schlafen diese Vögel und lassen die reichliche nachtaktive Beute unbehelligt. Ziegenmelker, die hervorragend an die nächtliche Jagd angepasst sind, machen sich diese Tatsache voll zunutze.

Wenn ein Vogel durch die Lüfte saust und gleichzeitig Insekten fängt, ergeben sich zwei Schwierigkeiten: die Beute zu erkennen und sie zu ergreifen. Ersteres sollte doch kein Problem sein, mag man annehmen – die Vögel könnten doch mit offenem Maul umherfliegen und ihre Nahrung zufällig erbeuten. Doch für Ziegenmelker ist dies nicht lohnend. Stattdessen machen sie mit hochempfindlichen Augen, die selbst bei Schwachlicht noch Kontraste wahrnehmen, ihre Beute aus und schnappen diese gezielt auf. Sie gehen bevorzugt bei Abend- und Morgendämmerung sowie bei Mondschein auf Jagd.

Das zweite Problem, das Ergreifen der Beute, wird durch Modifikationen des Schnabelapparats gelöst. Der eigentliche Schnabel des Ziegenmelkers ist klein, doch die Mundöffnung ist vergleichsweise riesig. Der Gaumen und die Borstenfedern an der Schnabelseite fungieren als «Berührungsdetektoren», sodass der Vogel spürt, wenn er etwas gefangen hat. Und noch wichtiger – der Ziegenmelker hat einen erstaunlich flexiblen Kiefer, der sich nicht nur sehr weit, sondern dank spezieller Modifikationen auch seitwärts bewegen lässt, sodass die Reichweite enorm vergrößert ist.

Merkwürdigste Haut

NAME **Halsband-Wehrvogel**, Tschaja *Chauna torquata*
VORKOMMEN Südamerika
BESONDERHEIT Haut, die beim Berühren knistert

Der seltsame Vogel auf dem Foto gehört zu einer relativ obskuren südamerikanischen Vogelfamilie, die als Wehrvögel bekannt sind. Trotz aufrechter Haltung und gebogenem Schnabel sind Wehrvögel vermutlich eng mit Enten und Gänsen verwandt, obwohl sie einige andere Besonderheiten besitzen, die nur auf ihre Familie beschränkt sind.

Eine dieser Besonderheiten ist ihre Haut. Wenn Sie jemals einen Wehrvogel mit Ihrer Hand berühren würden (zugegebenermaßen nicht sehr wahrscheinlich), würden Sie ein deutliches Knistern vernehmen. Dieses Geräusch wird durch ein kompliziertes System kleiner Luftsäcke erzeugt, welche in der Unterhaut liegen; diese Luftsäcke ziehen sich zusammen und hören sich dabei an, als ob Hunderte kleiner Luftballons platzten. Man nimmt an, dass die Luftsäcke bei den Wehrvögeln zur Wärmeisolierung dienen.

Ein weiteres besonderes Merkmal der Wehrvögel betrifft die Knochen, die stärker mit Luft gefüllt (pneumatisiert) sind als bei anderen Vögeln – das heißt, ihr Skelett ist hohler, sodass die Knochen besonders leicht sind. Erstaunlicherweise ist der Brustkorb bei Wehrvögeln auch nicht wie bei allen anderen Vögeln versteift (am nach hinten gerichteten Ende jeder Rippe befindet sich normalerweise ein sogenannter Hakenfortsatz, *Processus uncinatus*). Wie man sieht, sind Wehrvögel wirklich eine besondere Vogelgruppe.

Längste Zunge

NAME **Schwarzspecht** *Dryocopus martius*
VORKOMMEN Eurasien
BESONDERHEIT ungewöhnlich lange Zunge

Die Zunge dieses Schwarzspechts wirkt fast schlangenartig, wenn der Vogel sich daranmacht, seine Lieblingsnahrung – Ameisen – aufzulecken. Wenn sie nicht gestört werden, verbringen Schwarzspechte oft Stunden an einem Ameisennest und dezimieren die Kolonie schonungslos.

Bekannt ist, dass bei Spechten Schnabel, Schädel und Füße (Kletterfuß) hochgradig angepasst sind, doch eine andere anatomische Besonderheit, ihre lange Zunge, wird häufig nicht erwähnt. Tatsächlich lässt sich diese über die Schnabelspitze hinaus weiter als bei allen anderen Vögeln herausstrecken. Beim Schwarzspecht kann sie 5 bis 5,5 Zentimeter herausschnellen; beim Grünspecht *(Picus viridis)*, einem weiteren Ameisen-Liebhaber, kann die Zunge bis zu zehn Zentimeter hervorgestreckt werden – beachtlich für einen nur 33 Zentimeter langen Vogel.

Nicht nur die Länge der Spechtzunge ist ungewöhnlich; die Zungenspitze kann sich zudem selbstständig bewegen, was die Zunge zum effektiven Werkzeug macht, um verborgene Beute aus Löchern aufzulecken. Die Unterzungenspeicheldrüse scheidet überdies große Mengen an klebrigem Speichel aus, sodass die Nahrung an der Zungenoberfläche haftet. Da die Zunge außerdem am Ende verhornt ist, können Beutetiere mit weichem Körper, wie Larven oder Raupen, aufgespießt werden. Beim Schwarzspecht und anderen Spechten ist die Zungenspitze mit etlichen Widerhaken besetzt, die sich – ähnlich wie eine Harpune im Rücken eines bedauernswerten Wales – in die Beute bohren. Dadurch kann der Schwarzspecht seine Beute einfach herausziehen, gleichgültig, wie tief diese in einer Spalte steckt.

Eine Spechtzunge wird durch ein kompliziertes System aus Knochen und Muskeln gesteuert, den sogenannten Hyoid-Apparat, der in Form von zwei «Hörnern» um die Zunge herumgreift und um den gesamten Kopf reicht. Die Ameisen haben keine Chance!

Dieser Raggiana-Paradiesvogel sitzt auf einem Ast in den mittleren Stockwerken des Regenwalds in Neuguinea und posiert wie ein exaltiertes Model für eine Modenschau. Die außergewöhnlichen seidigroten Federn, die über dem Rücken des Vogels aufgestellt sind, sind keine Schwanzfedern, sondern entspringen unter den Flügeln an den Flanken.

Paradiesvögel sind berühmt für ihr außergewöhnliches Gefieder; die Extravaganz dieses Federkleids hat in ihrer Heimat dazu geführt, dass sie einerseits verehrt, andererseits ausgebeutet werden. Bei einigen Stämmen in Neuguinea gehören Paradiesvogelfedern immer noch zur Alltagskleidung; die auffälligsten Kostüme werden jedoch bei Zeremonien getragen. Gleichzeitig sind Elemente aus den Balztänzen der Paradiesvögel Bestandteil von Stammestänzen geworden. Die Federn wurden in der Region jahrhundertelang als Zahlungsmittel genutzt, was allerdings oft zum Nachteil der betroffenen Paradiesvögel war.

Der Raggiana-Paradiesvogel ist eine der etwa vierzig Arten, die in Neuguinea und Australien heimisch sind. Als Familie zeichnen sich die Paradiesvögel durch die extravaganteste Vielfalt an Federgebilden in der ganzen Vogelwelt aus. Betrachtet man die verschiedenen Arten, so zeigt sich ein erstaunliches Formen- und Farbenspektrum. Besonders die zwölf Schwanzfedern sind äußerst vielgestaltig und reichen von reinen drahtigen Federschäften wie beim Fadenhopf *(Seleucidis melanoleuca)* bis zu den überwältigenden säbelförmigen Schwanzfedern des Breitschwanz-Sichelhopfs *(Epimachus fastuosus)*.

Auch den Kopf können ähnlich bizarr geformte Federn zieren. Bei den Strahlenparadiesvögeln (*Parotia* spp.) sind dies sechs Stirnfedern, die bis auf eine kleine Fahne am Ende völlig kahl sind, während beim erstaunlichen Wimpelträger *(Pteridophora alberti)* hinter jedem Auge eine einzelne Schmuckfeder entspringt, die zweimal so lang wie der eigentliche Vogel ist. Diese Feder ist himmelblau, doch die einseitige Fahne ist vielfach unterbrochen, sodass die Feder wie mit kleinen Wimpeln bestückt wirkt. Auch andere Arten sind durch außergewöhnliche Schmuckfedern auf Haube, Rücken, Brust oder Flügel gekennzeichnet.

Variabelste Federn

NAME	**Raggiana-Paradiesvogel** *Paradisaea raggiana*
VORKOMMEN	Neuguinea
BESONDERHEIT	vielfältige Abwandlungen des Federaufbaus

Schwerste Hoden

NAME **Alpenbraunelle** *Prunella collaris*
VORKOMMEN Gebirge in Eurasien
BESONDERHEIT schwerste Hoden im Verhältnis zum Körpergewicht

Die hübsche, aber nicht außergewöhnlich gut aussehende Alpenbraunelle hält einen der vermutlich eigenartigsten Vogelrekorde. Während der Brutzeit sind die Hoden beim Männchen unverhältnismäßig groß und machen acht Prozent des Körpergewichts aus. Diese Kenngröße liegt deutlich höher als das Gewicht des Alpenbraunellen-Gehirns – eine pikante Pointe für Feministinnen.

Warum sollte dieser unauffällige Vogel denn so große Hoden haben? Die Alpenbraunelle hat, zumindest subjektiv gesehen, ein schlichtes Äußeres, doch die Brutbiologie dieser Vogelart ist außergewöhnlich. In den Hochgebirgen von Europa und Asien macht Territorialverhalten aufgrund des ungleichmäßig verteilten Nahrungsangebots wenig Sinn. Stattdessen leben die Vögel in Gruppen mit unterschiedlicher Zusammensetzung, in denen Männchen und Weibchen im Allgemeinen viele Partner haben – dies ist der Vorläufer zur Geschlechterkonkurrenz.

Die Beziehungen innerhalb der Gruppe sind kompliziert. Vereinfacht gesagt, konkurriert jedes Männchen mit allen anderen Männchen um den Zugang zu den Weibchen (und damit um die Chance auf Vaterschaft). Jedes Weibchen steht dann mit allen anderen Weibchen im Wettbewerb um Unterstützung durch den Vater der Nestlinge; dies erreicht es am besten dadurch, dass es mit so vielen Männchen wie möglich kopuliert. Dies wiederum garantiert, dass es im Interesse jedes Männchens ist, die Nachkommen des Weibchens zu füttern.

Der Wettbewerb um die Vaterschaft ist andererseits nicht so direkt. Im Prinzip kann sich jedes Männchen mit jedem Weibchen paaren, doch dies allein garantiert noch keine Vaterschaft. Um diese sicherzustellen, muss das Männchen sowohl regelmäßig mit jedem Weibchen kopulieren als auch bei der Paarung genügend Spermien freisetzen, um die Spermien der Rivalen zu verdrängen. Dies erklärt, warum männliche Alpenbraunellen derart große Hoden benötigen.

An dieser Stelle könnte man einwenden, dass schließlich irgendeine Vogelart den größten Penis im Verhältnis zur Körpergröße haben *muss*. Und es ist nicht verwunderlich, wenn Sie sich jetzt fragen, wie sehr der Erpel der Bindenruderente wirklich den Eintrag in dieses Buch verdient.

Diesen Rekord muss man allerdings in einem größeren Zusammenhang sehen: Die meisten Vögel haben nämlich überhaupt keinen Penis. Männchen und Weibchen haben nur eine äußere Ausscheidungs- und Geschlechtsöffnung, die sogenannte Kloake, und bei der Begattung reicht normalerweise ein minimaler Kloakenkontakt aus, um das Sperma zu übertragen. Nur wenige Vogelfamilien besitzen ein äußeres männliches Sexualorgan, darunter die großen flugunfähigen Vögel wie Strauße, ferner die Steißhühner, Entenvögel, Störche, Flamingos, Federwild, Triele sowie erstaunlicherweise ein paar Webervogelarten aus Afrika. Warum einige Vogelarten einen Penis besitzen und andere nicht, wäre Thema für ein ganzes Buch.

Eigentlich sollte man erwarten, dass die größten Vögel auch den längsten Penis haben – tatsächlich ist der Penis beim zwei Meter großen Strauß auch bis zu zwanzig Zentimeter lang. Verblüffenderweise werden jedoch selbst einige Straußen-«Rekorde» von einer kleinen Ruderente übertrumpft, die auf südamerikanischen Seen heimisch ist.

Schon die Größe dieses Enten-Penis ist unglaublich. Der Vogel selbst misst höchstens 46 Zentimeter, doch der Penis ist 19 bis 24,5 Zentimeter lang, macht also die Hälfte der Körperlänge aus. Dieser Penis ist außen dicht mit Stacheln besetzt und korkenzieherartig aufgerollt, sodass er nach Gebrauch eingezogen werden kann.

Warum sind die Erpel dieser Entenart so üppig ausgestattet? Nun, Bindenruderenten sind manchmal sehr promisk, und man vermutet, dass bei dieser eindeutig wenig subtilen sexuellen Selektion die Penisgröße eine Rolle spielt. Manchmal kommt es auch zu erzwungenen Begattungen, und man nimmt an, dass der Penis das Sperma der rivalisierenden Männchen aktiv verdrängt. Ein derartiges Verhalten findet sich jedoch auch bei zahlreichen Arten, die nur eine Kloake besitzen, daher ist der auffällige Penis der Bindenruderente tatsächlich einer erstaunliche Besonderheit.

Längster Penis

NAME	**Bindenruderente** *Oxyura vittata*
VORKOMMEN	südliches Südamerika
BESONDERHEIT	größter Vogelpenis im Verhältnis zur Körpergröße

Schwanzfedern mit dem größten Sex-Appeal

NAME **Rauchschwalbe** *Hirundo rustica*
VORKOMMEN weltweit
BESONDERHEIT aufschlussreiche Schwanzfedern

Bei vielen Vogelarten werden die Schwanzfedern dazu eingesetzt, potenzielle Partner zu beeindrucken. Der Pfau ist das bekannteste Beispiel für sexuelle Selektion mithilfe der überaus auffälligen Schwanzfedern. Es gibt jedoch vermutlich nicht viele Vogelarten, bei denen wir Menschen mit einem Blick auf die Schwanzfedern vorhersagen können, welche Erfolgsaussichten ein bestimmtes Individuum (meist das Männchen) in der kommenden Brutzeit hat. Bei der Rauchschwalbe ist jedoch genau dies möglich.

Durch Untersuchungen an Rauchschwalben in Europa wurde nachgewiesen, dass die besten Männchen die längsten und gleichzeitig symmetrischsten Schwanzfedern («Schwanzspieße») haben – daher ist das Beispiel auf dem Foto leider kein Top-Vogel. Die Männchen mit langen, symmetrischen Schwanzspießen sind besser gegen Krankheiten und Parasiten gefeit als Männchen mit kürzeren und unregelmäßigen Schwanzspießen, und ihre gesamte Brutzeit zeichnet sich durch Effizienz aus. Im Vergleich zu «asymmetrischen» Vögeln finden die überlegenen Männchen schneller eine Partnerin, haben bessere Partnerinnen und ziehen mehr Junge auf als die schwächeren Vögel.

Die weniger «fitten» Männchen müssen sich ihrerseits insgesamt mehr anstrengen. Auffällig ist, dass sie – falls sie eine Partnerin finden – wesentlich mehr Mühe in die Jungenaufzucht stecken als die «langschwänzigen» Männchen. Leider macht sich das Weibchen trotz all dieser Anstrengungen jedoch häufig in einem unbewachten Moment davon und kopuliert mit dem ersten verfügbaren Top-Männchen; selbst wenn diese schwächeren Männchen eine Brut aufziehen, sind die Jungvögel daher nicht notwendigerweise ihre biologischen Nachkommen.

Warum sollten die Schwanzspieße ein derartiges Qualitätsmerkmal sein? Ab einer bestimmten Größe müssen derart lange Schwanzspieße für den Vogel doch eher zur Belastung werden – besonders für Luftakrobaten wie die Rauchschwalbe! Männchen, die sich trotzdem derartige Schwanzspieße leisten können, zeigen damit, dass sie in der Lage sind, auch unter widrigen Bedingungen zu überleben. Der Schwanz ist daher ein deutlicher Hinweis auf ihre Gesundheit und Fitness.

Dieser Hoatzin hudert sein Küken in einem großen Nest aus Zweigen, das sich an einem stillen Uferabschnitt im Tieflandregenwald Guyanas befindet. Doch selbst auf diesem «Familienbild» wirkt der Hoatzin mit seinem wilden Blick, der langen Federhaube und dem stark vorgewölbten Bauch ausgesprochen merkwürdig. Besonders der Bauch ist ein auffälliges und ziemlich unvorteilhaftes, dafür aber unverkennbares Merkmal. Der Hoatzin «sitzt» normalerweise nicht auf seinen Füßen, sondern ruht auf dem Brustbein; dies verleiht ihm ein fast komisch gelangweiltes und träges Aussehen. Der Bauch kann so groß und schwer sein, dass die Vögel gelegentlich das Gleichgewicht verlieren, wenn sie sich von einem niedrigen Ast nach vorne beugen, um Wasser zu trinken, und dabei sogar ins Wasser fallen.

Dieser große Bauch hängt mit der ungewöhnlichen und ziemlich einseitigen Nahrung des Hoatzins zusammen. Er gehört zu den wenigen Vogelarten, die sich auf den Verzehr von Blättern spezialisiert haben; diese können bis zu 82 Prozent der gesamten Nahrung ausmachen. Blätter sind bekanntermaßen schwer verdaulich, und Hoatzins sind wie viele andere Pflanzenfresser (Herbivoren) auf Mikroorganismen angewiesen, die den größten Teil der Verdauungsarbeit leisten. Mikroorganismen können am besten in einem geräumigen Darm gedeihen, wo der Durchsatz nicht zu schnell ist sowie Säuregehalt und Temperatur konstant sind. Damit erklärt sich der große Bauch des Hoatzins zumindest teilweise. Doch anders als bei allen übrigen Vogelarten sind diese Bedingungen beim Hoatzin im Vorderdarm gegeben und nicht weiter hinten im Verdauungskanal. Die Verdauung findet in Speiseröhre (Ösophagus) und Kropf statt – was eher dem Verdauungssystem bei Schafen, Kühen und Kängurus gleicht (wo dem Magen eine entsprechende Rolle zukommt). Bei anderen herbivoren Vögeln wie den Raufußhühnern übernehmen die Blinddärme (die Teil des Enddarms sind) einen Großteil dieser Funktion.

Der Hoatzin ist ein Vogel mit «Handicaps»: Er kann nicht weit fliegen, er kann nicht schwimmen und kann sich nur mühsam durch den Unterwuchs der Ufervegetation bewegen, die seinen Lebensraum darstellt, zudem beschädigt er dabei häufig sein Gefieder. Trotzdem – überall in diesem Lebensraum gibt es Blätter in Hülle und Fülle, und unter den warmen, gleichmäßigen Bedingungen der tropischen Regenwaldgewässer gedeiht dieser Vogel so gut wie die meisten seiner lebhafteren Nachbarn.

Dickster Bauch

NAME	**Hoatzin** *Opisthocomus hoazin*
VORKOMMEN	nördliches Südamerika
BESONDERHEIT	enorm vergrößerter Vorderdarm

Das Foto zeigt einen Fischerturako, den Sie mit Sicherheit als attraktiven und farbenfrohen Vogel bewundern werden. Es wäre schade, wenn nicht, denn sein Gefieder enthält erstaunlicherweise zwei der seltensten Farbstoffe im ganzen Tierreich. Man könnte diesen Vogel eigentlich als «Model» bezeichnen, das ein Designerfederkleid trägt.

Die beiden besonderen Farbstoffe, das Turacin und Turacoverdin, wurden nach der Familie der Turakos (Musophagidae) benannt – einer kleinen Familie mit nur 23 Arten, die lediglich in Subsahara-Afrika vorkommt. Der Fischerturako ist ein typischer Vertreter dieser Familie. Beide Farbstoffe sind kupferhaltig und wurden bisher im Tierreich nur bei den Turakos gefunden. Tatsächlich haben nicht alle Turakos diese Pigmente, sie fehlen anscheinend bei einigen Arten.

Turacin, der rote Farbstoff, der vorwiegend auf den Schwungfedern vorkommt, schmückt beim Fischerturako auch Haube und Nacken. Das grüne Turacoverdin ist im gesamten Körpergefieder enthalten, und die Farbintensität hängt mit dem Lebensraum der jeweiligen Art zusammen. Der Fischerturako ist beispielsweise ein Waldvogel und hat große Mengen des Pigments. Noch interessanter ist, dass Turacoverdin der einzige von Vögeln synthetisierte grüne Farbstoff ist. Sämtliche anderen Grüntöne, vom schillernden Grün der Kolibris bis zum schlichteren Grün der Grasmücken und Finken, entstehen nur durch bestimmte Federstrukturen, an denen sich das Licht ungleichmäßig bricht (sogenannte physikalische Farben).

Bei jungen Turakos ist die adulte Gefiederfärbung erst mit etwa einem Jahr ausgeprägt. Anscheinend dauert es so lange, bis sich die Kupfermenge, die für die Farbstoffbildung nötig ist, aus der Nahrung entsprechend angereichert hat. Tatsächlich enthält ein einziger Vogel etwa acht Milligramm Kupfer, die nur aus dem Turacin stammen (das Turacoverdin ist also nicht berücksichtigt)!

Elegantestes Farbenkleid

NAME **Fischerturako** *Tauraco fischeri*
VORKOMMEN Küstenregion von Ostafrika
BESONDERHEIT erstaunlich seltene Gefiederpigmente

Weißester Vogel

NAME	**Elfenbeinmöwe** *Pagophila eburnea*
VORKOMMEN	Hocharktis
BESONDERHEIT	vollständig weißes Gefieder

Eine erwachsene Elfenbeinmöwe fliegt vorbei, kaum sichtbar gegen das schwache Licht des arktischen Himmels. Dieses unwirklich weiße Gefieder ist ungewöhnlich; weltweit sind nur wenige Vögel vollständig weiß. Die meisten weisen zumindest hier und da ein paar dunkle Flecken auf.

Es ist vielleicht nicht erstaunlich, dass die Elfenbeinmöwe eine Ausnahme ist, denn sie verbringt fast ihr gesamtes Leben im Packeis des hohen Nordens; dort fängt sie Fische, ernährt sich von Aas und Abfällen, beispielsweise toten Meeressäugern und ihren Ausscheidungen. Die relativ kleine Möwe kann sich mit Sicherheit auch dank ihres Gefieders vor Fressfeinden verbergen, insbesondere, wenn sie auf Schnee- und Eisflächen steht. Doch die Farbe der Unterseite hat außerdem noch einen weiteren Zweck. So wie die meisten anderen Möwen fangen Elfenbeinmöwen Fische – oft, indem sie aus dem Flug ins Wasser stoßen. In sorgfältig durchgeführten Versuchen konnte man zeigen, dass im Flug jagende Vögel durch weißes Gefieder gegen den Himmel nicht sichtbar sind und die Fische die über ihnen drohende Gefahr nicht erkennen können.

Tarnung ist aber nicht immer der Grund für weißes Gefieder. Einige andere weiße Vögel wie Reiher und Kakadus nutzen das weiße Gefieder, um ganz im Gegenteil stärker aufzufallen. Dadurch können derartige Vögel anderen Individuen derselben Art ihre Anwesenheit kundtun – entweder um sich zu versammeln oder, wie beim Reiher, um klar zu machen, dass ein Revier bereits besetzt ist. Elfenbeinmöwen kommen tatsächlich manchmal in Trupps zusammen, und bei diesen Gelegenheiten hat das weiße Gefieder möglicherweise noch eine weitere Funktion: Es hilft ihnen nämlich, sich zusammenzufinden.

Stärkste Variation innerhalb einer Art

NAME	**Kampfläufer** *Philomachus pugnax*
VORKOMMEN	nördliches Eurasien
BESONDERHEIT	variabelstes Gefieder bei Männchen

Diese beiden Kampfläufer mögen zwar recht vertraut wirken, doch sie sind in Wirklichkeit erbitterte Rivalen. Nicht nur ihre Gefieder sind unterschiedlich, auch ihre Absichten sind absolut gegensätzlich.

Kampfläufer haben eine ungewöhnliche Brutbiologie, Männchen und Weibchen treffen sich nur zur Paarung. Diese Treffpunkte werden als «Lek» (Balzarena) bezeichnet; meist finden sich etwa zehn Männchen dort ein, die für jeden sichtbar imposante Balztänze aufführen. Wenn ein Weibchen vorbeikommt, stellt jedes Männchen seinen prächtigen Kragen (Kopf- und Halsgefieder) auf und hofft darauf, dass es und nicht ein Rivale vom Weibchen als Paarungspartner ausgewählt wird.

Das Weibchen hat große Auswahl. Die männlichen Kampfläufer unterscheiden sich nicht nur in Kraft und Ausdauer ihrer Balz, sondern sehen zudem alle unterschiedlich aus – in einem Ausmaß, das bei Vögeln einzigartig ist. Die beiden abgebildeten Vögel, einer mit schwarzem und der andere mit weißem Kragen, sind nur zwei Beispiele von vielen. Auch Männchen mit braunem wie auch mit rotbraunem Kragen kommen vor, und kein Vogel gleicht dem anderen. Jedes Jahr von April bis Juni bieten männliche Kampfläufer den Weibchen das breiteste Spektrum an Gefiedervariationen in der gesamten Vogelwelt.

Interessanterweise ist die Kragenfarbe jedes Kampfläufermännchens mit seinem Verhalten gekoppelt. Die dunklen Kampfläufer (mit schwarzer oder brauner Haube) werden als «residente Männchen» bezeichnet; sie besetzen während der gesamten Brutzeit ein Revier in einer bestimmten Balzarena und versuchen ständig, vorbeikommende Weibchen anzulocken. Die weißen Kampfläufer, die «Satelliten-Männchen», besetzen dagegen kein eigenes Revier, sondern wandern von Balzplatz zu Balzplatz. Typisch ist, dass sie versuchen, immer dann, wenn sich die Gelegenheit bietet, mit den Weibchen zu kopulieren – etwa wenn das residente Männchen gerade einen Rivalen vertreibt oder von einem anderen Weibchen abgelenkt wird.

Warum sollten die residenten Männchen die Satelliten dulden? Am plausibelsten erscheint die Hypothese, dass das auffällige weiße Gefieder der Satelliten die umherstreifenden Weibchen zur Balzarena lockt und damit auch den residenten Männchen einen Vorteil bietet.

Dieser Silberreiher stellt seine Schmuckfedern in der Balz auf. Die dreißig bis fünfzig Schmuckfedern sind etwa fünfzig Zentimeter lang und Teil des Rückengefieders; mit ihrer Hilfe verwandelt sich der Vogel in einen Möchtegern-Pfau.

Alle Reiher verbringen sehr viel Zeit mit der Gefiederpflege; teilweise liegt dies sicherlich am Lebensraum der Vögel, denn am und im Wasser wird das Gefieder leicht nass und schmutzig. Da Fische, die wichtigste Beute der Reiher, schleimig und schuppig sind, wird das Federkleid noch mehr beansprucht.

Reiher verfügen über zwei ungewöhnlich Anpassungen, um damit zurechtzukommen. Das erste ist ein Puder, das auf Brust und Bürzel gebildet wird. Der Puder bildet sich aus Dunen, den sogenannten Puderdunen; dies sind kleine, nachwachsende Flaumfedern im Untergefieder, deren Spitzen rasch zu Puder zerfallen. Dieses wird beim Putzen auf dem Gefieder verteilt und wirkt dort wasserabweisend, vermutlich adsorbiert es auch Verunreinigungen. An der langen Mittelzehe findet sich die zweite Anpassung: Die Kralle dieses Zehs hat einen kammähnlichen Rand, der zum sorgfältigen Putzen des Gefieders eingesetzt wird.

Es wirkt zwar etwas vermenschlichend, doch man wird unwillkürlich an den Gebrauch von Kamm und Körperpuder erinnert. Aber um so gut auszusehen wie dieser Silberreiher, müsste man sich als Mensch schon sehr viel Mühe geben!

Ausgefeilteste Gefiederpflege

NAME	**Silberreiher** *Ardea alba*
VORKOMMEN	fast weltweit
BESONDERHEIT	Puder und Kamm zur Gefiederpflege

Vielgestaltigste Speiseröhre

NAME **Präriehuhn** *Tympanuchus cupido*
VORKOMMEN Great Plains von Nordamerika
BESONDERHEIT aufblasbare Speiseröhre

Dieser Präriehahn bläst die beiden merkwürdigen orangegelben Luftsäcke am Hals auf, um die Weibchen bei der Balz zu beeindrucken. Diese Luftsäcke sind Abzweigungen der Speiseröhre (Ösophagus), die normalerweise nur der Beförderung von Nahrung zwischen Mundöffnung und Magen dient. Auch bei Präriehühnern übernimmt die Speiseröhre diese Rolle, doch sie wurde beim Hahn für zwei weitere Aufgaben modifiziert.

Erstes Ziel ist ein imponierendes Äußeres, um eine Partnerin anzulocken. Meistens sind die Luftsäcke leer und unter dem tarnfarbenen Nackengefieder des Präriehahns verborgen. Von März bis Mai versammeln sich die Hähne jedoch frühmorgens an gemeinschaftlichen Balzarenen (Leks), wo sie eine komplizierte Folge von ritualisierten Bewegungen ausführen – typischerweise, wie im Foto sichtbar, mit aufgestellten Kopf- und Schwanzfedern sowie abgespreizten Flügeln. Die Hennen besuchen die Balzplätze, um einen attraktiven, «fitten» Hahn auszuwählen, und lassen sich natürlich von den aufgeblasenen Luftsäcken beeindrucken.

Um die Luftsäcke aufzublasen, verschließt der Hahn seine Nasenlöcher mithilfe der Zunge, schließt den Schnabel und presst Luft aus seiner Luftröhre in die Speiseröhre und damit in die Luftsäcke. Gleichzeitig gelangt mehr Blut in die Haut der Luftsäcke, sodass die Färbung lebhafter und der Träger hoffentlich für die Hennen unwiderstehlich wird.

Dank der Speiseröhre kann der Präriehahn außerdem ein tief dröhnendes Geräusch erzeugen – auch dies soll den vorbeikommenden Hennen imponieren. Dieser Laut wird stimmlich erzeugt und in den Säcken durch Resonanz verstärkt, sodass er weit über die Prärie schallt. Ohne diese speziellen Anpassungen eines einfachen Organs wäre der Präriehahn nicht annähernd so gut in der Lage, das Herz der Hennen zu erobern.

Leistungen

Schnellster Schwimmer · Übelster Treter · Längste Zeit in der Luft · Höchster Kopfsprung · Längster Spurt übers Wasser · Schnellster Flügelschlag · Beste Schwarmkoordination · Längste Nonstop-Reise · Höchste Flugroute · Schnellster Flitzer · Elegantester Tänzer · Tiefster Tauchgang · Vollster Schnabel · Unempfindlichster Magen · Wählerischster Kostgänger · Geduldigster Jäger · Längste Fastenzeit · Größter Vielfraß · Gierigster Beerenfresser · Bester Stimmenimitator · Lautester Ruf · Unermüdlichster Sänger · Feinstes Gehör · Schärfste Augen · Fähigster Nestbauer · Nahrungsbeschaffung in größter Höhenlage · Größtes Gemeinschaftsnest · Produktivster Brüter · Merkwürdigste Abkühlungsmethode · Bester Architekt · Cleverster Transporteur · Bester Wärmetechniker · Längstes Leben · Höchste Krankheitsresistenz

Schnellster Schwimmer

NAME **Eselspinguin** *Pygoscelis papua*
VORKOMMEN Antarktische Halbinsel und subantarktische Inseln
BESONDERHEIT bewegt sich schneller durchs Wasser als alle anderen Vogelarten

Auf den ersten Blick laufen diese Eselspinguine scheinbar auf dem Wasser, statt zu schwimmen. Doch die Kamera hat sie im Moment des «Delfinschwimmens» *(porpoising)* eingefangen – diese Art der Fortbewegung ist bei Vögeln auf die Pinguine beschränkt. Bei dieser rasanten Fortbewegungsform schnellen Pinguine aus dem Wasser und tauchen wieder hinein, sodass sie sich alternierend in Wasser und Luft befinden.

Die Gründe für diesen Schwimmstil sind nicht bekannt. Möglicherweise sollen auf diese Weise Meeresraubtiere verwirrt werden; dies ähnelt dem Verhalten von Fischen, die kurzzeitig aus dem Wasser springen, wenn sie verfolgt werden. Wahrscheinlicher ist jedoch, dass die Pinguine auf diese Weise beim Schwimmen Luft holen oder ihre Gesamtgeschwindigkeit erhöhen können, da sie periodisch durch das leichtere Medium Luft schnellen. Ein weiterer möglicher Vorteil könnte sein, dass die zwischen Haut und Gefieder eingeschlossene Luftschicht, die beim Unterwasserschwimmen langsam abnimmt, auf diese Weise regelmäßig wiederaufgefüllt wird und die Vögel deshalb nicht so leicht auskühlen.

«Delfinschwimmen» ist einer der drei Schwimmstile der Pinguine. Manchmal dümpeln die Vögel auch träge an der Wasseroberfläche, dabei befindet sich der Kopf über Wasser, sie bewegen ihre Flügel («Flossen») kaum und gewinnen nicht deutlich an Tempo – fast wie das Wassertreten beim Menschen. Die dritte Fortbewegungsart im Wasser ist das Tauchen; während der Tauchgänge bewegen Pinguine ihre «Flossen» jedoch wie Flügel – analog zur Flugbewegung von anderen Vögeln in der Luft. Füße und Schwanz werden beim Tauchen nur als Steuerruder eingesetzt.

Pinguine bewegen sich wesentlich schneller durch das Wasser als alle anderen Vogelarten – unabhängig davon, ob sie die «fliegende» Fortbewegung unter Wasser oder das «Delfinspringen» an der Oberfläche wählen. Nachgewiesen sind Geschwindigkeiten von fünf bis zehn Kilometer pro Stunde, wobei die größte Art, der Kaiserpinguin *(Aptenodytes forsteri)*, angeblich sogar 14 Kilometer pro Stunde erreicht. Da ihre Geschwindigkeit beim «Delfinspringen» bisher nur selten gemessen wurde, sind Pinguine, wenn sie in Eile sind, wahrscheinlich sogar schneller als die angegebenen Werte.

Übelster Treter

NAME **Sekretär** *Sagittarius serpentarius*
VORKOMMEN Subsahara-Afrika
BESONDERHEIT tritt seine Beute zu Tode

Ein Sekretär auf Nahrungssuche im ostafrikanischen Grasland. Sein großer, stark gebogener Schnabel weist bereits deutlich auf seine Greifvogel-Natur hin, doch alles andere an diesem Vogel ist ungewöhnlich. Die auffällig fleischfarbenen Beine sind dreimal so lang wie bei einem typischen Greifvogel von vergleichbarer Größe, sodass der Sekretär mit 1,2 Meter Scheitelhöhe ein großer Vogel ist. Auch das Gefieder ist merkwürdig: Die langen Federn der Haube geben ihm das Aussehen eines alternden Hippies, und die stelzenartigen Beine sind nur bis zum «Kniegelenk» (tatsächlich das Knöchelgelenk) mit dunklen Federn besetzt, als ob sich dieser Hippie auch noch pinkfarbene Leggins angezogen hätte.

Viele Tiere bis hin zur Größe von kleinen Antilopen ergreifen jedoch die Flucht, sobald sich ein Sekretär nähert, denn für sie ist diese Art nicht komisch, sondern eher furchterregend. Sekretäre erbeuten zahlreiche Kleintiere der Savannengebiete, von Heuschrecken bis zu großen Schlangen. Die Beute wird durch Trampeln und Treten getötet.

Der Sekretär ist der einzige Greifvogel, der seine Beute nur auf dem Boden erlegt, und ist daher anatomisch an Laufen und Treten angepasst. Die langen Beine sind dicht mit stabilen Hornschuppen besetzt, um Abnutzung zu verhindern und potenzielle Bisse und Kratzer von Beutetieren abzuwehren. Die drei nach vorne weisenden Zehen sind sehr lang und an der Basis durch Häute verbunden; dies vergrößert die Fußfläche und damit die Wucht, um die Beute totzutrampeln.

Besonders die Länge der Beine sowie Flügelbewegungen, die den Vogel im Gleichgewicht halten, bewirken, dass der Sekretär außergewöhnlich rasch und geschickt und dabei gleichzeitig kraftvoll agiert – daher erfolgen die Tritte in schneller Folge und machen das Opfer vollständig hilflos. Erst wenn die Beute bewegungsunfähig oder bewusstlos ist, bückt sich der Sekretär, um ihr mit seinem Schnabel den Gnadenstoß zu versetzen.

Unterschiedliche Beute erfordert auch unterschiedliche Tötungstaktiken. Wirbellose Tiere wie Heuschrecken oder Käfer werden kurz zertrampelt, etwa so, wie wir ein kleines Feuer austreten. Bei Kleinsäugern oder Vögeln reicht ein rascher Schlag auf den Kopf, während große Schlangen oder Hasen schnelle und zahlreiche Fußtritte erfordern, ähnlich wie beim Kickboxen.

Längste Zeit in der Luft

NAME **Rußseeschwalbe** *Sterna fuscata*
VORKOMMEN tropische Meere
BESONDERHEIT fliegt mehr als vier Jahre, bevor sie erstmals landet

Über der Brutkolonie auf einem Korallenatoll kreisen Rußseeschwalben am Himmel und bereiten sich auf einen Nahrungsflug vor. Bald werden sie auf hoher See sein, Hunderte von Kilometern vom Land entfernt, und nach kleinen Fischen und besonders nach Tintenfischen suchen, die sie für die Jungvögel zurück zum Nest bringen. Sie erbeuten ihre Nahrung aus dem Flug, stoßen blitzartig herab und ergreifen die Beute von der Meeresoberfläche.

Mit ihren spitz zulaufenden, schmalen Flügeln, gegabeltem Schwanz und leichtem Körper sind Seeschwalben hervorragende Flugkünstler. Trotzdem wird man vermutlich nicht auf eine Seeschwalbe tippen, wenn man den Vogel benennen soll, der ununterbrochen die längste Zeit in der Luft verbringt. Ein Segler, Albatros oder Sturmtaucher wäre wohl eher das Richtige. Doch sicher nicht eine Seeschwalbe, eine Vogelgruppe, die häufiger auf Sandstränden, Felsen oder Strandgut sitzt?

Trotzdem gibt es deutliche Hinweise, dass junge Rußseeschwalben nach dem Verlassen der Brutkolonie den Erdboden nicht berühren, bis sie etwa vier oder fünf Jahre später als adulter Vogel zur Kolonie zurückkehren – um zum ersten Mal zu brüten oder nach einem Partner zu suchen. Bisher wurde niemals eine gesunde junge oder heranwachsende Rußseeschwalbe gesichtet, die an einem Strand, auf Felsen, einer Boje oder gleich welchen schwimmenden Objekten gerastet hätte. Offensichtlich haben die Jungvögel eine strikt marine (pelagische) Lebensweise – allerdings können Rußseeschwalben nicht schwimmen, da ihr Gefieder nicht wasserabweisend ist.

Der Gedanke, dass ein Vogel über vier Jahre in der Luft verbringt, ist für uns unvorstellbar. Wie schlafen die Vögel? Warum werden sie nicht müde? Was passiert bei Stürmen? Bisher gibt es auf all diese Fragen noch keine Antworten, und wir können über die ungewöhnliche Lebensweise der Rußseeschwalbe nur staunen.

Während einige Seevogelarten Raffinesse und Tücke bei ihren Fischzügen einsetzen, kann man dies von den weltweit drei Tölpelarten der Gattung *Morus* wahrlich nicht behaupten. Diese Vögel springen ins kalte Wasser – im wahrsten Sinne des Wortes. Sie erbeuten ihre Nahrung hauptsächlich, indem sie sich aus großer Höhe kopfüber ins Meer stürzen, sodass die Wucht ihres «Kopfsprungs» sie in Wassertiefen befördert, wo sich auch die Schwarmfische, ihre wichtigste Beute, aufhalten.

Es gibt widersprüchliche Angaben über die Höhe des Kopfsprungs – vierzig Meter sind nachgewiesen, behauptet wurden sogar hundert Meter. Doch seien wir ehrlich, Seefahrer und Fischer neigen zu gewissen Übertreibungen. Zweifellos ist das Stoßtauchen der Basstölpel jedoch eine der waghalsigsten und spektakulärsten Arten des Nahrungserwerbs bei Vögeln.

Basstölpel sind in mehrfacher Weise an ihre Lebensweise als Stoßtaucher angepasst. Der Körper ist stromlinienförmig, und unmittelbar vor dem Einschlag ins Wasser falten sie die schmalen Flügel dicht hinter den Schwanz, um den Auftrieb zu vermindern. Das Knochensystem ist von Luftsäcken durchsetzt, die als «Stoßdämpfer» wirken, damit der Stoß beim Aufprall des Körpers auf die Wellen abgemildert wird; zweckmäßigerweise werden die Nasenlöcher beim Eintauchen durch Hautklappen verschlossen.

Nicht nur für uns ist der Anblick eines stoßtauchenden Basstölpels aufregend – auch andere Basstölpel in der Nähe werden angelockt. Die Vögel profitieren, wenn sie in großer Zahl gemeinsam fischen, denn der verwirrende Anblick von Dutzenden eintauchender Vögel desorientiert die Beutefische, sodass der Fischschwarm langsamer reagiert und einzelne Individuen sich leichter fangen lassen.

Höchster Kopfsprung

NAME	**Basstölpel** *Morus bassanus*
VORKOMMEN	Atlantikküsten
BESONDERHEIT	Stoßtauchen aus großer Höhe

Längster Spurt übers Wasser

NAME **Renntaucher** *Aechmophorus occidentalis*
VORKOMMEN westliches Nordamerika
BESONDERHEIT zur Balz gehört ein «Wasserspurt»

Zwei Renntaucher spurten parallel über die Wasseroberfläche eines Sees, der im Landesinneren von Nordamerika liegt. In der Vogelwelt zählt dieses Balzritual zu den bekanntesten überhaupt. Die eigentlich recht plumpen, fischfressenden Renntaucher nehmen während der Balz die Eleganz von Balletttänzern an: Koordinierte Fußbewegungen ermöglichen den Vögeln, ihren Körper aufrecht über dem Wasser zu halten; außerdem tragen sie ihren Hals elegant aufgebogen und winkeln ihre Flügel dabei leicht an.

Lappentaucher sind die einzigen Vögel, die derart lange «Balz-Spurte» aufführen. Die Beine sitzen relativ weit hinten am Körper, der Schwanz ist praktisch nicht existent – diese Besonderheiten ermöglichen das Aufrichten aus dem Wasser. Unter den etwa zwanzig Lappentaucherarten zeigen der Renntaucher und der nahe verwandte Clarktaucher *(Aechmophorus clarkii)* die längsten «Wasserspurte»; sie können bis zu zwanzig Meter über das Wasser schlittern und eine lange Gischtspur hinter sich herziehen.

Dieses Balzritual dient normalerweise dem offensichtlichen Zweck – der Festigung der Paarbindung. Daher wird es gewöhnlich gemeinsam von Männchen und Weibchen gezeigt. Allerdings ist dies nicht immer der Fall. Manchmal holt sich ein Männchen Unterstützung bei einem anderen Männchen, und beide spurten gemeinsam über das Wasser, um ein Weibchen in der Nähe auf sich aufmerksam zu machen. Gelegentlich balzen sogar Renntaucher- und Clarktauchermännchen zusammen; dies ist sicher das einzige Beispiel in der Vogelwelt von zwei Arten, die sich bei der Balz zum Nutzen der einen zusammentun.

Es überrascht niemanden, dass Kolibris den schnellsten Flügelschlag in der Vogelwelt aufweisen. Man muss diese «fliegenden Edelsteine» nur beim Schwirrflug an einer Blüte beobachten, um zu erkennen, dass sie aerodynamisch etwas Besonderes sind. Was die Manövrierfähigkeit angeht, können Kolibris alle anderen Vögel mit Leichtigkeit in den Schatten stellen, denn sie sind die einzigen, die zum Beispiel rückwärts fliegen können. Bei Gelegenheit können Kolibris auch ohne Weiteres in Rückenlage fliegen.

Kleine Kolibriarten benötigen beim Schwirrflug etwa achtzig Flügelschläge pro Sekunde, doch bei der größten Art, dem Riesenkolibri *(Patagona gigas)*, verringert sich die Flügelschlagfrequenz auf nur 10 bis 15 Schläge pro Sekunde, was nicht viel schneller ist als bei einem großen Schmetterling. Wenn Kolibris jedoch wirklich aufgeregt sind, zum Beispiel bei der Balz und bei Verfolgungsjagden, nimmt die Flügelschlagfrequenz enorm zu – sie kann bei manchen «überdrehten» Individuen über 200 Schläge pro Sekunde betragen, etwa so viel wie bei einer Biene.

Diese phänomenale Flügelschlagfrequenz wird durch einige ungewöhnliche Anpassungen des Flügels ermöglicht. Die Knochen des Armflügels sind beispielsweise derart reduziert, dass der Kolibri tatsächlich mit dem zweiten, dritten und vierten «Finger» fliegt (die zum Handflügel gehören). Auch das Schultergelenk kann in alle Richtungen bewegt werden, und die Flügel sind mit besonders effizienten Muskeln ausgestattet. Beim Flug beschreiben die Flügelspitzen eine «Acht», sodass bereits eine kleine Winkeländerung ausreicht, um die Position des Vogels in der Luft anzupassen.

Kolibris sind so klein, dass man bei ihnen keine besonders hohe Geschwindigkeit erwartet. Doch das ist falsch, denn dank einer derartig phänomenalen Flügelschlagfrequenz können sie mit über hundert Kilometer pro Stunde «vorbeidüsen».

Schnellster Flügelschlag

NAME	**Blauschwanzamazilie** *Amazilia cyanura*
VORKOMMEN	Zentralamerika
BESONDERHEIT	Schwirrflug mit achtzig Schlägen pro Sekunde

Beste Schwarm-koordination

NAME **Star** *Sturnus vulgaris*
VORKOMMEN große Teile der Nordhalbkugel
BESONDERHEIT Luftmanöver von Riesenschwärmen

Hier sehen wir eines der großartigsten Naturschauspiele: Ein immenser Starenschwarm – Abertausende von Vögeln – kommt in der Winterdämmerung zusammen und führt vor der Himmelskulisse kunstvoll koordinierte Flugmanöver auf. Diese Schwärme werden häufig mit Rauchwolken verglichen und ihre Manöver wirken manchmal wie die Bewegungen eines einzigen Organismus.

Stare sind nicht die einzigen Vögel, die zu solcher Luftakrobatik fähig sind. Watvögel (Limikolen), insbesondere der Knutt *(Calidris canutus)*, vollführen dieselben Flugmanöver, bevor sie bei Hochflut einen sicheren Rastplatz aufsuchen, aber auch andere Vögel in verschiedensten Erdteilen zeigen eine ähnliche «Flugshow». Um wieder zu den Staren zu kommen: Gleichgültig wie groß der Schwarm ist, sieht man selten, dass ein Vogel mit dem Nachbarn zusammenstößt; die Vögel sind Meister darin, in dichten Schwärmen den nötigen Abstand zu halten.

Doch wie schaffen sie das? Hier hat es die verrücktesten Vermutungen gegeben, wie extrasensorische Wahrnehmung, um nur ein Beispiel zu nennen. Wissenschaftler haben jedoch kürzlich die Erklärung gefunden: Anscheinend kann jeder Star im Schwarm seine Koordinaten halten, indem er nur sieben Schwarmvögel konstant im Auge behält und ihren Bewegungen folgt – alles andere ist hohe Reaktionsgeschwindigkeit. Die Entfernung dieser sieben Vögel ist nicht wichtig, doch die Zahl Sieben ist wesentlich.

Das Problem des Abstands im Schwarm scheint zwar gelöst, doch weitere Fragen sind noch offen. Warum versammeln sich Vögel überhaupt in derart großen Schwärmen, die unweigerlich Beutejäger anlocken? Und warum das lautstarke Gezwitscher, bevor sich die Stare schließlich zur Ruhe begeben?

Längste Nonstop-Reise

NAME **Pfuhlschnepfe** *Limosa lapponica*
VORKOMMEN Tundra von Eurasien bis Alaska
BESONDERHEIT fliegt nonstop von der Arktis bis Neuseeland

Ein kleiner Trupp von Pfuhlschnepfen kreuzt über die Gischt am Strand. Viele erstaunliche Rekorde fangen bescheiden an – möglicherweise wurden diese Pfuhlschnepfen genau in dem Augenblick fotografiert, als sie sich zu einer der längsten Reisen aufmachten, die Tiere überhaupt unternehmen.

Nach der Brut in Ostsibirien oder Westalaska fliegen Pfuhlschnepfen südwärts, um in Ostaustralien und Neuseeland zu überwintern. Für sich genommen, ist dies nicht weiter bemerkenswert; es ist zwar eine weite Wanderung, doch etliche Vogelarten bewältigen ähnliche Entfernungen. Verblüffend ist jedoch, dass Pfuhlschnepfen diese Reise nachweislich in einem einzigen Transpazifikflug ohne Zwischenhalt meistern. Das heißt, sie fliegen mindestens 10 400 Kilometer weit, ohne das Festland zu berühren.

Man muss sich das klar machen: über 10 000 Kilometer an einem Stück. Bis vor Kurzem konnten nur wenige Flugzeuge mit einer Treibstoffladung so weit fliegen. Pfuhlschnepfen sind keine Maschinen und als Treibstoff nutzen sie nur tierisches Fett – Fettreserven, die sie aus kleinen Wirbellosen aufgebaut haben, von denen sie sich ernähren. Pfuhlschnepfen sind zudem nur 37 bis 41 Zentimeter groß und wiegen höchstens 630 Gramm.

Der Flug dauert etwa 175 Stunden beziehungsweise 7,3 Tage. Vor dem Abflug fressen die Vögel sehr viel und verdoppeln ihr Gewicht; gleichzeitig werden bestimmte innere Organe wie Eierstöcke und Hoden stark zurückgebildet. Es ist nicht erstaunlich, dass ein derartiger Ausdauertest eine intensive physiologische Vorbereitung erfordert.

Pfuhlschnepfen, die bei der Ankunft untersucht wurden, waren nicht abgemagert. Im Gegenteil – die noch vorhandenen Fettreserven hätten ausgereicht, um falls nötig noch weitere 5000 Kilometer zu fliegen. Was für uns also gerade machbar erscheint, liegt für diese Art durchaus im Rahmen des Möglichen.

Verglichen mit vielen anderen Vogelarten ist der Zugweg der Streifengänse nicht weit. Doch die Wanderung, die diese Vögel unternehmen, hat mit Sicherheit Stil! Sie brüten im Hochland von Tibet und überwintern im indischen Tiefland. Dazwischen liegen nur 700 bis 1000 Kilometer, die bei guten Windverhältnissen in weniger als einem Tag zurückgelegt werden können. Doch diese Reise ist schon deshalb keine Routine, weil das höchste Gebirge der Welt, der Himalaja, dazwischen liegt.

Etliche Zugvögel, die Asien durchqueren, meiden den Himalaja, und die meisten umfliegen zumindest die höchsten Gipfel. Die Streifengans nimmt jedoch die kürzeste Route und wagt sich direkt über das Hochgebirge. Es gibt verlässliche Beobachtungen, dass sie in mindestens 8000 Meter Höhe am Mount Everest vorbeifliegt; vermutlich fliegt sie zeitweise höher als 9000 Meter. Kein anderer Vogel dringt regelmäßig in solche Höhen vor.

In diesen Höhenlagen können Menschen nicht lange überleben. Die Temperatur fällt auf minus fünfzig Grad Celsius, und der Luftdruck ist etwa siebzig Prozent niedriger als der normale Luftdruck auf Meereshöhe. Doch das Herz von Streifengänsen ist ungewöhnlich groß, und die Lunge arbeitet wesentlich wirksamer als beim Menschen oder anderen Säugetieren. Eine weitere, sehr nützliche Anpassung: Im Blut von Streifengänsen finden sich mindestens zwei, vermutlich aber noch mehr Hämoglobintypen, die den Sauerstoff jeweils bei verschiedenen Luftdruckverhältnissen besonders effizient binden und damit in unterschiedlichen Höhenlagen ihre größte Wirksamkeit entfalten.

Höchste Flugroute

NAME **Streifengans** *Anser indicus*
VORKOMMEN Tibet bis zum indischen Tiefland
BESONDERHEIT fliegt auf dem Zug regelmäßig über den Himalaja

Schnellster Flitzer

NAME	**Wanderfalke** *Falco peregrinus*
VORKOMMEN	weltweit
BESONDERHEIT	fliegt schneller als alle übrigen Vögel

Der Wanderfalke ist einer der bekanntesten und am meisten bewunderten Vögel der Welt, ein meisterlicher Jäger der Lüfte. Dank seines massigen, stromlinienförmigen Körpers kann er sich schneller als alle anderen Lebewesen durch den freien Luftraum bewegen; der kontrollierte Todesstoß, mit dem er seine Beute in der Luft zur Strecke bringt, gehört sicherlich zu den beeindruckendsten Kollisionen in der Natur.

Typisch für den Wanderfalken ist ein Flugmanöver, das als Steilstoß bezeichnet wird und den Vogel bis an die Grenzen des physikalisch Machbaren führt. Ein Steilstoß erfolgt aus großer Höhe, wobei der Vogel die Flügel eng an den Körper anlegt und seine Geschwindigkeit sich dank der Schwerkraft enorm steigert. Bei diesem Sturzflug kann der Wanderfalke nachweislich 180 Kilometer pro Stunde erreichen – das ist die größte aktiv erreichte Geschwindigkeit im Tierreich. (Kleininsekten, die mit Höhenwinden verdriftet werden, können noch schneller mitgerissen werden.) Es wird oft behauptet, der Wanderfalke könne noch höhere Geschwindigkeiten – von über 300 Kilometer pro Stunde – erreichen, doch diese Messungen konnten bisher nicht bestätigt werden.

Jedem Beobachter wird klar, dass der Wanderfalke ein Meister des Sturzflugs ist und nie die Kontrolle verliert. Wenn er sich der Beute nähert, kann er die Stoßrichtung mit einer leichten Flügelbewegung korrigieren. Sogar wenn er aus mehr als zwei Kilometer Entfernung zum Stoß ansetzt, ist er in der Lage, bewegte Objekte, zum Beispiel eine Taube, sofort zu treffen. Die Beute wird mit den Fängen geschlagen, doch meistens genügt bereits die Wucht des Aufpralls, um dem Opfer die Wirbelsäule zu brechen. Diese hervorragende Jagdtechnik hat dazu beigetragen, dass sich der Wanderfalke weltweit verbreiten konnte. Die Art ist bis auf die Antarktis auf allen Kontinenten heimisch; man vermutet, dass ihr Beutespektrum insgesamt über tausend verschiedene Vogelarten umfasst.

Kraniche werden in der chinesischen und japanischen Kunst häufig dargestellt; es ist kaum denkbar, dass ein menschlicher Choreograf eine derart perfekte Vorführung inszenieren könnte, wie diese Vögel sie für sich selbst entworfen haben.

Alle Kranicharten «tanzen», wann immer sie zusammenkommen. Wie Sie auf dem Bild sehen können, gehören dazu Luftsprünge, aber auch Verbeugungen, Laufschritte und streckende Bewegungen. Manchmal stehen die Vögel sich auch paarweise gegenüber, und ein Partner neigt seinen Hals und beugt die Beine, als ob er «knickse». Häufig werden Gegenstände vom Boden aufgehoben und in die Luft geworfen, um das Spektakel etwas zu variieren. Zudem ist das Tanzen eine gemeinschaftliche Aktivität; wenn ein Mandschurenkranich beginnt, lassen sich die anderen Vögel der Gruppe anstecken, und die Luftsprünge breiten sich wellenförmig von einem Rand des Trupps zum anderen aus.

Erstaunlicherweise ist es nicht leicht, eine Erklärung für diese Tänze zu finden. Am häufigsten tanzen die unverpaarten Jungvögel, was vermuten lässt, dass der Tanz manchmal zur Balz gehört. Auch ältere Vögel, die lebenslang verpaart sind, tanzen – möglicherweise dient dies dazu, von Physiologie und Verhalten her synchron in Brutstimmung zu gelangen. Schon junge Kranichküken tanzen im Nest, und adulte Mandschurenkraniche tanzen als Übersprunghandlung. So schwierig es ist, die Tänze dieses eleganten Vogels zu verstehen, so faszinierend ist es, ihm dabei zuzusehen.

Elegantester Tänzer

NAME **Mandschurenkranich** *Grus japonensis*
VORKOMMEN Ostasien
BESONDERHEIT Tanzen

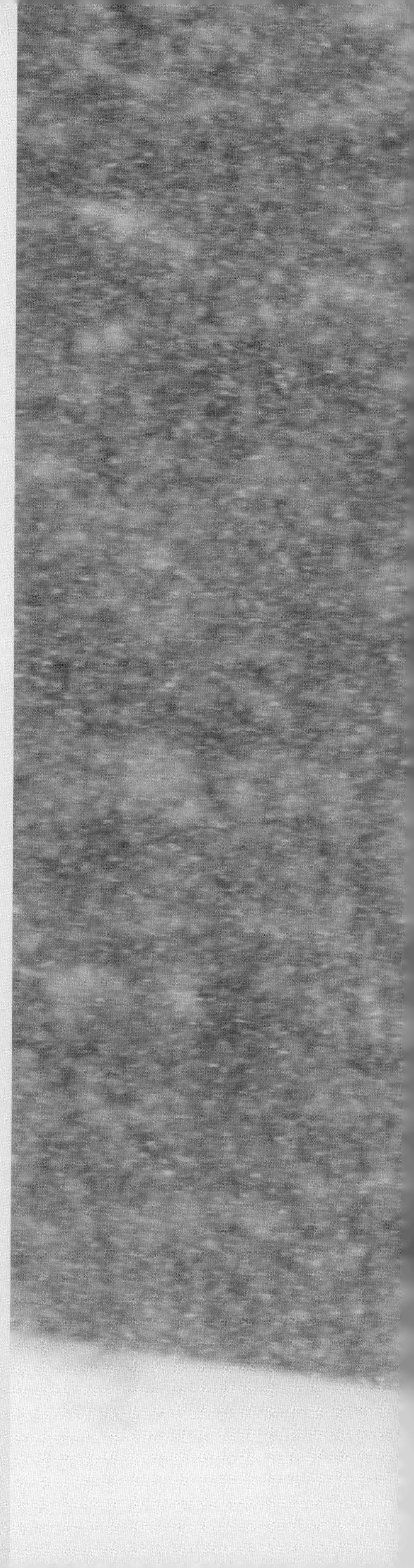

Pinguine sind die vollendeten Unterwasservögel. Sie schwimmen schneller, tauchen tiefer und bleiben länger unter Wasser als alle übrigen Vögel. Mit ihrem dichten Gefieder (drei getrennte Lagen), dem stromlinienförmigen Körper und den kräftigen «Flossen» (Flügeln) sind sie besonders gut an das Wasserleben angepasst. In diesem Medium sind sie allen anderen Vögeln haushoch überlegen.

Der Kaiserpinguin, die größte Art, erhebt sogar Anspruch auf zwei beeindruckende Rekorde: Erstens kann der Kaiserpinguin die Luft unter Wasser 18 Minuten lang anhalten, deutlich länger als andere Vogelarten, und zweitens taucht er viel tiefer als alle übrigen. Bei der Nahrungssuche beträgt die durchschnittliche Tauchtiefe tatsächlich etwa 200 Meter – das ist deutlich tiefer als die maximale Tauchtiefe eines Nicht-Pinguins, in diesem Fall der Dickschnabellumme *(Uria lomvia)*, die 135 Meter tief tauchte.

Wenn es um den Tiefenrekord beim Tauchen geht, leistet der Kaiserpinguin aber fast Unglaubliches, denn er wurde bereits in einer Tiefe von 530 Meter nachgewiesen. (Der Freitauchen-Rekord für den Menschen, das heißt ohne Unterstützung von Flossen oder Gewichten, liegt übrigens bei 86 Meter.) Für den Kaiserpinguin ergeben sich daraus etliche offene Fragen:

Ja, er muss die Luft anhalten können. Und ja, er muss in der Lage sein, die Druckveränderungen auszuhalten und die Taucherkrankheit zu vermeiden, obwohl nicht bekannt ist, wie er das schafft. Drittens muss der Kaiserpinguin die extrem kalten Wassertemperaturen tolerieren können. Und schließlich muss er in der Dunkelheit irgendwie seine Nahrung, Fische und Tintenfische, ausmachen können. Wie er dies bewerkstelligt, ist ebenfalls ungeklärt. Vielleicht findet er seine Beutetiere über ihre Biolumineszenz? Doch wenn Kaiserpinguine so tief tauchen, stoßen sie in Bereiche vor, die für uns fast unbekannt sind.

Tiefster Tauchgang

NAME	**Kaiserpinguin** *Aptenodytes forsteri*
VORKOMMEN	Antarktis
BESONDERHEIT	taucht tiefer als alle übrigen Vögel

Vollster Schnabel

NAME	**Papageitaucher** *Fratercula arctica*
VORKOMMEN	Nordatlantik
BESONDERHEIT	trägt viele Kleinfische im Schnabel

Dieser Papageitaucher trägt Fische für seine Jungen im Schnabel; gleich wird er in der meterlangen Brutröhre verschwinden. Ein nicht ganz ungefährlicher Augenblick, da in Papageitaucherkolonien fast immer Möwen, Raubmöwen oder auch Artgenossen darauf warten, sein mühsam erbeutetes Futter zu stehlen.

Die Prozedur der Nahrungsübergabe ist bei Vögeln von Art zu Art genauso variabel wie auch andere Aspekte ihres Brutverhaltens. Einige Arten, darunter mehrere Verwandte des Papageitauchers, bringen nur einen Fisch pro Fischzug zum Nest. Insektenfresser liefern manchmal Hunderte von Fliegen ab, Planktonfresser Tausende von Kleinstlebewesen. Alles hängt davon ab, auf welche Weise die Vögel ihre Beute aufspüren und zum Nest zurücktransportieren.

Papageitaucher kehren in jedem Fall mit mehreren Fischen zum Nest zurück. Auf diesem Bild trägt der Vogel etwa fünf Fischchen im Schnabel – das entspricht etwa dem Durchschnitt, der bei fünf bis zehn Stück liegt. Wenn der Fischfang besonders erfolgreich war, transportiert der Altvogel manchmal erheblich mehr Beute, möglicherweise mehr als jeder andere Vogel. Der Rekord lag bei 62 Kleinfischen in einer einzigen Schnabelladung – unglaublich!

Grund für diese üppige Beutemenge ist die Tatsache, dass Papageitaucher sich vor allem auf Schwarmfische, beispielsweise Sandaale, spezialisieren. Die Vögel fangen diese nicht in einem Mal, sondern können die bereits erbeuteten Fischchen raffiniert festhalten. Der farbenprächtige Schnabel ist an den Kanten leicht einwärts gebogen, und der Gaumen ist mit Hautzähnchen besetzt, sodass die Beute nicht hinausgleiten kann. Der Vogel trägt die Fischchen quer im Schnabel, drückt sie mit der Zunge fest gegen den Oberschnabel und kann auf diese Weise mehrmals zuschnappen.

Papageitaucher verwöhnen ihre Jungen: Sie verfüttern ihnen pro Tag 43 bis 62 Gramm Fisch, während Trottellummen *(Uria aalge)* nur 28 Gramm und Tordalke *(Alca torda)* gar nur 20 bis 25 Gramm heranschaffen.

Unempfindlichster Magen

NAME	**Bartgeier** *Gypaetus barbatus*
VORKOMMEN	Gebirge in Eurasien und Afrika
BESONDERHEIT	Spezialisierung auf Knochennahrung

Dieser Bartgeier hält einen Knochen im Schnabel, wie es für einen Geier und Aasfresser typisch ist. Der Knochen soll jedoch nicht wie bei einer «Grillparty» von Fleisch und Sehnen befreit und anschließend verworfen werden, wie es bei anderen Geierarten üblich ist. Bartgeier sind die etwas anderen Aasfresser; sie verzehren auch die Knochen selbst.

Es ist bemerkenswert, dass beim Bartgeier Knochen und Knochenmark etwa siebzig Prozent der Nahrung ausmachen, damit gehört die Art zu den extremen Nahrungsspezialisten der Vogelwelt. Der Magen ist in jeder Hinsicht stark und unempfindlich. Er enthält wesentlich höher konzentrierte Säure als in Vogelmägen üblich, sodass die Knochen rasch zersetzt werden können. Und die Wand von Speiseröhre und Magen muss aus «Eisen» sein, denn Bartgeier verschlucken häufig bis zu 25 Zentimeter lange Knochen ohne ersichtliche innere Verletzungen.

Lange Knochen sind für den Bartgeier zwar zu bewältigen, doch zerkleinerte Knochen sind einfacher zu fressen. Daher hat der Vogel eine ungewöhnliche Verhaltensweise entwickelt: Er zerschmettert die Knochen, indem er sie aus großer Höhe auf Felsen fallen lässt. Dabei geht er sehr geschickt und genau vor, denn auch eine zehn Meter breite und lange Felsplatte wird aus 150 Meter Höhe getroffen. Man hat Bartgeier beobachtet, die ihr Ziel zwar verfehlten, doch im Sturzflug 300 Meter tief herabschossen, um die Knochen noch im Flug wieder aufzufangen. Bestimmte Felsplatten, die von den Bartgeiern immer wieder zum Aufbrechen der Knochen genutzt werden, sind zum Teil über Jahrhunderte in Gebrauch und werden als «Knochenschmieden» bezeichnet.

Hier ließe sich einwenden, dass das Zerschmettern von Knochen sehr viel Aufwand für eine Substanz mit zweifelhaftem Nährwert ist, doch tatsächlich trifft das Gegenteil zu: Der Nährwert der «Knochendiät» ist 15 Prozent höher als bei einer Ernährung, die hauptsächlich auf Fleisch basiert, wie bei anderen Greifvögeln üblich.

Wählerischster Kostgänger

NAME	**Rotschwanz-Glanzvogel** *Galbula ruficauda*
VORKOMMEN	Zentral- und Südamerika
BESONDERHEIT	fängt im Flug ganz bestimmte Schmetterlingsarten

Dieser Rotschwanz-Glanzvogel sitzt auf seiner Warte in der mittleren Waldetage und wartet auf Beute. Bei der Nahrungssuche halten Rotschwanz-Glanzvögel den Kopf meistens im selben Winkel wie dieses Individuum, sodass sie alles, was sich unmittelbar über ihnen bewegt, genau im Blick haben. Sie verfolgen ihre Beute in der Luft und kehren dann auf den Ansitz zurück, um sie zu verzehren. Verblüffenderweise sind Rotschwanz-Glanzvögel derart auf die Luftjagd fixiert, dass sie Beute in nächster Nähe ignorieren, selbst wenn diese über ihre Füße krabbelt.

Sie bevorzugen Insekten mit großem Körper, insbesondere Schmetterlinge. Dabei ist dieser Vogel äußerst wählerisch, was seine Nahrung angeht. Er tut gut daran, denn in den südamerikanischen Wäldern gibt es Dutzende von Schmetterlingsarten, die ungenießbar sind. Rotschwanz-Glanzvögel lernen schnell, diese zu meiden; doch sollte aus Versehen ein «giftiger» Schmetterling gefangen werden, so lässt ihn der Vogel wieder frei, und der Falter bleibt bis auf die eine oder andere Flügelbeschädigung unverletzt.

Viele ungenießbare beziehungsweise giftige Insekten weisen eine «Warnfärbung» auf (sogenannte aposematische Färbung); das heißt, sie sehen auffällig und unverwechselbar aus und übermitteln damit die Botschaft «Ich bin ungenießbar». Giftige Schmetterlinge fliegen zudem relativ langsam und direkt, um auch damit anzuzeigen, dass sie am besten in Frieden gelassen werden. Der Rotschwanz-Glanzvogel ist ein so vorzüglicher Jäger, dass er in vielen Situationen diese Schmetterlinge bereits im Flug identifizieren kann und sie gar nicht erst fängt. (Dabei entgehen ihm aber auch die essbaren Nachahmer der «giftigen» Schmetterlinge, ein klassischer Fall von Mimikry.)

Da er all diese Botschaften korrekt interpretiert, jagt der Rotschwanz-Glanzvogel stattdessen besondere Schmetterlingsarten – tarnfarbene Arten mit schnellem und unvorhersehbarem Flugverhalten. Derartige Schmetterlinge sind zwar nicht einfach zu erbeuten, doch sie sind außerordentlich nahrhaft – daher lohnt sich die Jagd auf sie immer.

Geduldigster Jäger

NAME	**Schuhschnabel** *Balaeniceps rex*
VORKOMMEN	Zentralafrika
BESONDERHEIT	steht über eine halbe Stunde bewegungslos im Wasser

Einen derartigen Schnabel verwendet man nicht für irgendwelche banalen Dinge. Der so passend benannte Schuhschnabel aus Zentralafrika ist ein absoluter Nahrungsspezialist und ernährt sich fast nur von Lungenfischen – dies sind große, träge Fische, die in überwachsenen, langsam fließenden Wasserläufen leben. Lungenfische lassen sich nicht einfach erbeuten, da sie groß und schlecht zu überwältigen sind; deshalb kann der Schuhschnabel nur Erfolg haben, wenn er eine raffinierte Fangtechnik und besagten Schnabel einsetzt.

Raffiniert ist zum Beispiel die außerordentliche Geduld des Schuhschnabels. In mancher Hinsicht ähnelt seine Jagdweise derjenigen von Reihern, da er am Gewässerrand wartet und schließlich zustößt, wenn die Beute in Reichweite kommt. Doch der Schuhschnabel zeigt noch viel größere Ausdauer, denn er verharrt manchmal über eine halbe Stunde regungslos. Ein Reiher und alle anderen lauernden Jäger hätten schon viel früher aufgegeben. Auch ein menschlicher Beobachter verpasst häufig den eigentlichen Beutestoß, da er vor lauter Warten selbst schläfrig wird.

Der Beutestoß erfolgt schließlich mit ganzem Körpereinsatz, dabei wirft sich der Vogel mit dem Schnabel voran kopfüber auf die Beute und ins Wasser. Mit seinem 19 Zentimeter langen Schnabel packt er den Fisch und nimmt häufig auch Pflanzenteile und Wasser mit auf. Durch kräftige Flügelschläge erlangt der Vogel schließlich wieder sein Gleichgewicht und verschluckt nach erneutem Zupacken die Beute mit dem Kopf voran. So ein Lungenfisch ist eine reichliche Mahlzeit, daher kann der Schuhschnabel danach einige Tage ohne Nahrung auskommen. Unüberlegte Hast hat offenbar im Leben des Schuhschnabels gar keinen Platz.

Längste Fastenzeit

NAME **Kaiserpinguin** *Aptenodytes forsteri*
VORKOMMEN Antarktis
BESONDERHEIT kann bis zu 115 Tage ohne Nahrung auskommen

Dieses Kaiserpinguinküken sieht gut genährt und gesund aus, wie es da in der antarktischen Frühlingssonne sitzt. Doch bis dorthin war es ein langer und harter Weg – insbesondere für seine Eltern. Man könnte sogar behaupten, dass es weder bei Vögeln noch einer anderen Tiergruppe Elterntiere gibt, die sich auch nur annähernd so stark für ihren Nachwuchs einsetzen wie die hier abgebildeten Kaiserpinguine.

Kaiserpinguine brüten zur Sicherheit auf dem Meereis rund um den antarktischen Kontinent; die Kolonien befinden sich bis zu 200 Kilometer vom offenen Meer entfernt, jenseits der Reichweite von Fressfeinden. Diese raue Umwelt ist erst recht zur Brutzeit der Kaiserpinguine unwirtlich, denn nur diese Vogelart brütet über den gesamten Antarktiswinter. Der Grund ist offenkundig: Der Antarktissommer ist so kurz, dass diese großen Vögel ihre Brut nicht beizeiten abschließen und die Jungpinguine im Frühherbst nicht rechtzeitig zum dann eisfreien Meer gelangen könnten. Stattdessen legen Kaiserpinguine im Herbst (Mai) ihre Eier, bebrüten diese über den Südwinter, damit die Küken im Frühjahr schlüpfen, die wärmste Jahreszeit optimal nutzen und rechtzeitig flügge werden können.

Dies ist eine extreme Strategie. Während die Weibchen auf Futtersuche sind, bebrütet das Männchen das einzelne Ei zwischen seinen Fußrücken und einer Bauchhautfalte; dabei erträgt es im tiefsten, dunklen Polarwinter Temperaturen von minus vierzig Grad Celsius und eisige Stürme. Die Kaiserpinguinmännchen drängen sich zum Wärmen eng in Gruppen aneinander. Nach 66 Tagen schlüpft das Junge; schließlich kehren auch die Weibchen zurück, um Futter zu bringen und die Männchen abzulösen. Auch die Weibchen müssen manchmal einen Monat oder länger auf Ablösung warten, da der Weg zu den Nahrungsgründen im Meer so weit ist.

Das Männchen hat während der Bebrütung des Eis überhaupt nichts zu fressen und lebt von seinen üppigen Fettreserven. Wenn man die Bebrütungsdauer sowie den Weg vom und zum Meer zusammenzählt, kommt man auf unglaubliche 115 Tage, während denen das Männchen unter Umständen fasten muss. Diese Fastenzeit des Kaiserpinguins ist bei Weitem länger als bei allen anderen Vogelarten.

Dies ist die Nahaufnahme eines Aasfressers. Er ist nicht hübsch – hier geht es um Blut, Tod und Verwesung. So großartig Andenkondore in der Luft auch wirken, wenn man sie beim Schlingen an einem Kadaver beobachtet, verschwindet die schöne Fassade schnell.

Im Fernsehen werden uns zwar häufig Episoden aus dem Leben von Aasfressern gezeigt – zum Beispiel Geier, die sich um eine Löwenbeute drängen –, doch muss man sich klar machen, dass ein Aasfresser den größten Teil seiner Zeit mit der Suche nach Kadavern und nicht mit dem Fressen verbringt. So entfernen sich Andenkondore im Lauf eines Tages manchmal über 200 Kilometer vom Horst, während sie aus der Luft den Boden nach großen Kadavern absuchen, und trotzdem bleibt ihre Suche häufig erfolglos. Andenkondore sind vermutlich in der Lage, etwa eine Woche ohne Nahrung durchzustehen. Denn sie sind auf tote Großtiere als Nahrung angewiesen, und diese sind zufällig und weiträumig verteilt.

Verständlich also, dass die Vögel, wenn sie auf eine ergiebige Nahrungsquelle stoßen, daraus den maximalen Nutzen ziehen wollen – gleichgültig, ob es sich um ein totes Pferd, einen Hirsch, ein Guanako oder vielleicht einen Wal oder Seelöwen an der Küste handelt. Sie schlagen sich den Bauch voll und fressen so schnell und so viel wie möglich. Nachweislich können bei einer einzigen Mahlzeit zwei Kilogramm Fleisch verzehrt werden; das ist mehr als bei jedem anderen Vogel.

Doch derartige Fressattacken können zu Problemen führen. Die Kondore sind anschließend so vollgefressen, dass sie manchmal nicht mehr vom Boden abheben können. Das macht nichts aus, solange der gesättigte Kondor einfach stundenlang am Boden sitzen kann (wie es in der Tat häufig ist). Wenn er jedoch durch einen potenziellen Fressfeind bedroht wird, bleibt einem Andenkondor nichts anderes übrig, als die überschüssige Nahrung zu erbrechen, bis er ein Gewicht erreicht hat, das ihm ein Auffliegen erlaubt. Davon wird ihm schlecht, im wahrsten Sinne des Wortes.

Größter Vielfraß

NAME	**Andenkondor** *Vultur gryphus*
VORKOMMEN	Südamerika
BESONDERHEIT	Fressattacken

Gierigster Beerenfresser

NAME	**Seidenschwanz** *Bombycilla garrulus*
VORKOMMEN	Taigagürtel der Nordhalbkugel und im Winter weiter südlich
BESONDERHEIT	verputzt in kürzester Zeit sehr viele Beeren

Auf der ganzen Welt sind sehr viele Vögel Fruchtfresser (Frugivoren) – Früchte gehören in der Natur zu den besonders reichlich verfügbaren Nahrungsquellen. Von den Tropen – dort gibt es ganzjährig Früchte im Überfluss – bis zu den Regionen mit gemäßigtem Klima – dort sind sie meistens in Form von Beeren vom Sommer bis zum zeitigen Frühjahr verfügbar – sind Vogelarten heimisch, für die Früchte einen wichtigen Teil der Nahrung darstellen.

Obwohl der Verzehr von Früchten so weit verbreitet ist, finden sich nur verhältnismäßig wenige Vogelarten, die man als spezialisierte Frugivoren ansehen kann, bei denen also Früchte die Nahrung ganzjährig dominieren. Die meisten sind Arten des tropischen Regenwalds wie Kasuare, Schnurrvögel und Schmuckvögel, die bei der großen Biodiversität ihres Lebensraums das ganze Jahr über fündig werden.

Daher ist es erstaunlich, dass ausgerechnet der Seidenschwanz die Vogelart ist, die im Lauf eines Tages mengenmäßig die meisten Früchte verzehrt; denn der Seidenschwanz ist im kalten Taigagürtel der Nordhemisphäre heimisch. (Im Winter weichen Seidenschwänze häufig invasionsartig nach Süden aus, wenn es im Norden zu kalt ist, und gelangen bis nach Mitteleuropa.) In einem großen Teil ihres Verbreitungsgebiets sind Seidenschwänze die Art, die bei Weitem die meisten Früchte frisst, und zumindest in Europa sind sie die einzige Art, die über längere Zeiträume ausschließlich von Beeren leben kann, ohne diese Diät mit eiweißreichen Extras wie Würmern oder Insekten anzureichern. Merkwürdigerweise weist der Verdauungstrakt keine ungewöhnlichen Anpassungen auf, um mit einer derart monotonen Nahrung zurechtzukommen, doch die Leber ist vergleichsweise groß.

Der Seidenschwanz ist ein Spezialist, der beeindruckende Beerenmengen verzehrt. Im Winter frisst er pro Tag 600 bis 1000 Beeren. Der relativ kleine Vogel hat einen mit elf Millimeter recht breiten Schnabelspalt und kann damit die unterschiedlich großen Beeren gut bewältigen. Zu einer Beerenmahlzeit gehört ein Getränk, auch hier zeigt der Seidenschwanz ein eigentümliches Verhalten, denn er fängt manchmal im Flug Schneeflocken.

Viele Vogelarten auf der ganzen Welt bauen nachgeahmte Laute in ihren Gesang ein, indem sie Geräusche aus ihrer Umgebung imitieren. Dies geschieht hauptsächlich, um ihr Repertoire zu «verschönern» (etwa so wie wir Zitate in einen Aufsatz einfügen), um durch die Vielfalt zusätzlicher Stimmen die Botschaft zu verbessern und zu bereichern.

Wenn wir den besten Stimmenimitator in der Vogelwelt suchen, gibt es mehrere Kategorien: Die meisten imitierenden Arten ahmen den Gesang der anderen Art perfekt nach, sodass sich die «Werktreue» nur schwer als Kriterium heranziehen lässt. Was die absolute Anzahl der nachgeahmten Arten angeht, ist vermutlich die Braundrossel *(Turdus lawrencii)* der Sieger. Sie kann nachweislich mindestens 173 amazonische Vogelarten imitieren. Bewertet man hingegen Ausdruckskraft und Abwechslungsreichtum, so ist der bekannte Leierschwanz aus Australien nicht zu übertreffen. Sein Gesang ist eine eigenartige Mischung aus melodischen Tönen, Rassellauten und Trillern, die oft sehr laut und weit hörbar sind. Dabei präsentiert der Leierschwanz wie auf dem Foto seine berühmte leierförmige Schwanzschleppe.

Bei einer wissenschaftlichen Gesangsanalyse wurde gezeigt, dass beim Leierschwanz etwa siebzig Prozent aus Nachahmung bestehen; dabei imitieren Individuen mit durchschnittlicher «Begabung» etwa zwanzig Vogelarten. Doch damit nicht genug, denn Leierschwänze ahmen nicht nur Vogelgesang, sondern auch andere Geräusche nach; im Lauf der Jahre konnte man folgendes identifizieren: das Ächzen von Bäumen, das Schnabelschnappen des Jägerliests (*Dacelo novaeguineae*, besser bekannt als Lachender Hans), die Flügelschläge eines großen Vogels, das Rascheln von Federn, den Ruf von Koalas, Hundebellen, das Jaulen von Jungfüchsen, eine Krankenwagensirene, eine Säge, Violine, Kornett, aber auch den Motorantrieb einer Kamera, ein weinendes Kind, ein Schwein, das geschlachtet wird, und sogar einen Raucherhusten.

Bester Stimmen-imitator

NAME **Graurücken-Leierschwanz** *Menura novaehollandiae*
VORKOMMEN Südostaustralien
BESONDERHEIT ahmt alle möglichen Laute nach

Lautester Ruf

NAME **Dreilappenkotinga** *Procnias tricarunculatus*
VORKOMMEN Zentralamerika
BESONDERHEIT macht sich mit dem vermutlich lautesten Vogelruf bemerkbar

Dieser männliche Dreilappenkotinga (auch Dreilappen-Glockenvogel genannt) schmettert von seinem Ansitz im zentralamerikanischen Bergwald einen Werberuf über die Baumwipfel. Das seltsame «Bock»-Geräusch, das sich wie ein Hammer anhört, der gegen einen Amboss schlägt, ist außerordentlich laut – besonders wenn man unter dem Sitzbaum des Vogels steht. Der Ruf des Dreilappenkotingas trägt mindestens eineinhalb Kilometer weit und ist damit in Anbetracht des Tonumfangs das lauteste Vogelgeräusch überhaupt. Kranichrufe und die tief dröhnende Stimme von Vögeln wie Rohrdommel *(Botaurus stellaris)* und Kakapo *(Strigops habroptila)* schallen weiter, doch diese Geräusche sind niemals so ohrenbetäubend wie der hämmernde Ruf des Dreilappenkotingas.

Wie Sie auf dem Foto sehen können, ist die Lauterzeugung ein ziemlicher Akt. Der Vogel öffnet seinen Schnabel sehr weit und zieht seinen gesamten Körper zusammen, während er vor dem Singen Luft holt. Dann kommt eine wahre Klangexplosion, und die Lappen – zwei in den Mundwinkeln, einer an der Schnabelbasis – vibrieren vor Anstrengung. Der Vogel schließt seinen Schnabel, hüpft in die Luft und wieder zurück auf den Ansitz und wiederholt den Vorgang, diesmal jedoch in der anderen Richtung.

Erstaunlicherweise dauert es bei jungen Glockenvögeln recht lang, bis sie einen Ruf perfektioniert haben, der sich eigentlich ganz einfach anhört. Erst ab einem Alter von 15 Monaten fangen sie an zu singen und zeigen erst nach vollen fünf Monaten «Üben» eine einigermaßen respektable Leistung. Zudem ist das «Bock»-Geräusch nur ein Teil des Repertoires. Dieses laute «Leitmotiv» wird von weiteren, viel leiseren Tönen begleitet, zu denen auch Quietschen und Pfeifen gehören. Das Erlernen dieser Geräusche dauert wesentlich länger, und in den verschiedenen Verbreitungsgebieten des Dreilappenkotingas haben sich eigene Dialekte entwickelt.

Vermutlich gibt es beim Menschen nicht viele Weltrekorde, die seit 1952 stehen, da wir ständig nach Anerkennung dürsten und Grenzen überschreiten wollen. Das Verlangen, den eigenen Namen an der Ranglistenspitze einer bestimmten Sportart oder eines Hobbys zu sehen, scheint unersättlich. Vögel sind genauso motiviert wie alle anderen Wettkämpfer auch – sie wollen ihre Rivalen in einem bestimmten Feld schlagen: im Rennen um Anerkennung durch das andere Geschlecht.

Zufällig kam es im Jahr 1952 aber zu einem Wettbewerb der besonderen Art, bei dem ein Rekord aufgestellte wurde, der seither nicht geschlagen werden konnte. Die Ornithologin Louise de Kirilene Lawrence wurde von einem Freund herausgefordert, einen «Birdrace» (etwa Vogelmarathon) auszutragen. Normalerweise werden beim Birdrace innerhalb von 24 Stunden möglichst viele verschiedene Arten innerhalb eines bestimmten Gebiets gesucht, doch Lawrence hatte eine interessantere Idee: Sie wollte zählen, wie oft ihr lokaler Rotaugenvireo im Lauf dieses Tages sang.

Der Gesang des Rotaugenvireos besteht aus einer einfachen, aber variablen Strophe («Tschier-o-wit, Tschier-ie, Tschit-awit»), die sich wie der Gesang einer eiligen Wanderdrossel *(Turdus migratorius)* anhört. Jeder Rotaugenvireo verfügt über etwa vierzig verschiedene Gesänge, wobei dieselben Gesänge niemals aufeinanderfolgen. Doch der Rotaugenvireo ist nicht durch die Vielfalt seines Repertoires, sondern durch die Tatsache bekannt, dass diese Art stundenlang singen kann.

Lawrence begann im Morgengrauen zu zählen. Schon um fünf Uhr hatte «ihr» Rotaugenvireo fast 1700 Strophen geschafft, eine Stunde später waren es über 3800. Manchmal legte er eine Singpause ein, insbesondere zur Gefiederpflege, suchte das Futter jedoch häufig auf dem Sprung und sang dann weiter. Insgesamt sang der Vogel an diesem Maitag während 10 von 14 Tageslichtstunden. Die Bilanz belief sich am Ende auf erstaunliche 22 197 Strophen – unglaublich viel Gesang, aber auch unglaublich viel Zählerei!

Unermüdlichster Sänger

NAME	**Rotaugenvireo** *Vireo olivaceus*
VORKOMMEN	Nordamerika
BESONDERHEIT	singt den ganzen Tag lang

Feinstes Gehör

NAME **Schleiereule** *Tyto alba*
VORKOMMEN weltweit
BESONDERHEIT hervorragendes Gehör in allen Richtungen

Eulen sind berühmt für ihre nächtliche Lebensweise, die großen Augen und das runde Gesicht, doch anders als allgemein angenommen, sehen sie im Dunkeln nicht viel besser als Menschen. Ihre wirklich außerordentliche Gabe ist ihr hervorragendes Gehör. Die Schleiereule kann in völliger Dunkelheit nur nach dem Gehör ihre Beute finden. Mit Versuchen in vollständig verdunkelten Gebäuden ließ sich zeigen, dass Schleiereulen nur mithilfe ihres Hörvermögens quiekende, raschelnde Mäuse erbeuten konnten, wobei die Fehlermarge nur bei einem Winkelgrad in horizontaler oder vertikaler Richtung lag. Dieser Vogel könnte mit geschlossenen Augen jagen, wenn nicht die Gefahr bestünde, gegen Hindernisse zu stoßen.

Für diese erstaunliche Fähigkeit der Schleiereule sind zwei anatomische Merkmale verantwortlich. Das erste ist im Foto deutlich erkennbar – der herzförmige Gesichtsschleier. Die Ohren liegen hinter dem äußeren Rand des Gesichtsschleiers, und der Federkamm zwischen den Augen bewirkt gemeinsam mit den steifen Federn des eigentlichen Schleiers, dass Hochfrequenzgeräusche zu den Ohröffnungen gelenkt werden und dadurch das Signal verstärken.

Das zweite ungewöhnliche Merkmal betrifft die Ohröffnungen selbst. Diese sind nicht nur groß, sondern die linke Ohröffnung befindet sich auch etwas höher im Schädel als die rechte. Diese «schiefe» Anordnung würde bei uns Menschen definitiv merkwürdig aussehen, würde uns jedoch eine weitere Hördimension erschließen – genau dies ist bei der Schleiereule der Fall. Um eine Geräuschquelle genau anzupeilen, muss die minimale Zeitdifferenz berechnet werden, die zwischen der Wahrnehmung des Signals im einen beziehungsweise anderen Ohr liegt. Beim Menschen sind die Ohren so angeordnet, dass er diese Fähigkeit auf einer horizontalen, nicht aber auf einer vertikalen Ebene besitzt. Die Schleiereule verfügt über ein leistungsfähiges dreidimensionales Gehör und kann daher bei schwindendem Licht außerordentlich effizient jagen.

Schärfste Augen

NAME **Steinadler** *Aquila chrysaetos*
VORKOMMEN auf der Nordhalbkugel verbreitet
BESONDERHEIT kann Details auf große Entfernung erkennen

Wer jemals Greifvögeln bei der Jagd zugesehen hat, ist von ihrem offensichtlich erstaunlichen Sehvermögen beeindruckt. Gerade kreisen sie noch so hoch am Himmel, dass sie kaum sichtbar sind, im nächsten Moment stoßen sie mit geöffneten Fängen herab, um ein Beutetier zu ergreifen, das uns nicht einmal aufgefallen war. Zahlreiche gut belegte Berichte bezeugen, dass Steinadler Kleinsäuger aus einer Entfernung von bis zu zwei Kilometer ausmachen können, Kaninchen sogar fast aus der doppelten Distanz.

Es sind zwar nicht alle Wissenschaftler davon überzeugt, dass das Auge des Adlers dem menschlichen in irgendeiner Weise überlegen ist, doch viele nehmen an, dass Adleraugen noch in zwei- bis achtfacher Entfernung dasselbe Auflösungsvermögen wie das Menschenauge besitzen. Die Fähigkeit zur Wahrnehmung derart minimaler Unterschiede, die sogenannte Sehschärfe, wäre für Vögel, die sich von kleinen und gut getarnten Tieren ernähren, sicherlich eine wichtige Eigenschaft.

Zweifellos unterscheidet sich das Adlerauge vom Auge des Menschen. Zum einen ist es größer, und durch die große Pupille kann reichlich Licht eintreten. Das Auge ist ferner röhrenförmig, und die Krümmung der Linse wird durch gut entwickelte Muskeln rasch und einfach angepasst, sodass das Bild schnell und scharf fokussiert wird. Die Netzhaut des Adlers enthält im Übrigen wesentlich mehr Zapfen als beim Menschen und kann daher Details besser erkennen; zudem hat das Auge zwei Foveae (Sehgruben) mit einer hohen Konzentration an Fotorezeptorzellen – der Mensch hat nur eine. Die beiden Foveae weisen nicht in dieselbe Richtung, und man vermutet, dass Adler durch das Zusammenspiel der Foveae Bewegungen besonders gut wahrnehmen können.

All diese Modifikationen zeigen, dass das sprichwörtliche scharfe Adlerauge tatsächlich ein Synonym für außerordentlich gutes Sehvermögen ist.

Recht viele Vögel könnten Anspruch darauf erheben, das raffinierteste Nest zu bauen, doch als Familie sind die Webervögel zweifellos die unbestrittenen Meister. Die Männchen dieser kleinen sperlingsähnlichen Vögel haben den Nestbau zu einer Kunst gemacht und verweben Grashalme und andere Pflanzenteile zu unglaublich ordentlichen und gut gestalteten Nestern. Diese Aufgabe verlangt große Fertigkeit, und die Weibchen wählen ihre zukünftigen Partner nach deren handwerklichen Qualitäten aus. Sex gegen gute Arbeit.

Normalerweise hängen Webervogelnester von einer freien Zweigspitze herab. Häufig entfernt das Männchen zuerst alle Blätter in der Nähe, damit Schlangen und andere Fressfeinde sich nicht unbemerkt nähern können. Dann wird das Nistmaterial zu einem vertikalen Ring verwebt, der wie ein großer Vorhangring aufgehängt ist und die Mitte der Konstruktion bildet. Auf der einen Seite wird die Brutkammer angelegt, auf der anderen der Eingang. Beim Maskenweber (siehe Foto) dauert der gesamte Nestbau fünf Tage; währenddessen muss der Vogel das Pflanzenmaterial mehrere Tausend Mal verweben und verknoten. Diese Arbeit wird erstaunlicherweise nur mit dem Schnabel bewerkstelligt.

Das Weben ist den Webervögeln angeboren, doch auch die Erfahrung zählt. Häufig verpfuschen die jungen Männchen ihre ersten Nester und können daher kein Weibchen anlocken. Sogar erfahrene Nestkonstrukteure müssen unter Umständen ein halbes Dutzend Nester bauen, bevor sich ein Weibchen dafür interessiert. Manchmal führt das Männchen zusätzlich noch eine einfache Balz unter dem Nest auf, indem es mit den Flügeln schlägt und den Schwanz verführerisch spreizt, um ein Weibchen zu betören.

Fähigster Nestbauer

NAME **Maskenweber** *Ploceus velatus*
VORKOMMEN südliches Afrika
BESONDERHEIT webt raffinierte Nester aus Grasteilen

Dieses Foto, das in den deutschen Alpen entstand, ist typisch für den exklusiven Lebensraum der Alpendohle, die sich nur in der «dünnen Höhenluft» wohl fühlt. Die Art lebt ausschließlich im Hochgebirge und brütet regelmäßig in erstaunlichen Höhenlagen: im Himalaja beispielsweise häufig auf 5000 Meter oder mehr.

Dies allein würde die Alpendohle noch nicht zum Rekordhalter machen – mehrere Vogelarten brüten in vergleichbaren Höhenlagen; die Alpendohle hält auch nicht den absoluten Höhenrekord bei Vögeln – diesen hält ein Sperbergeier *(Gyps rueppellii)*, der im Flug auf 11 300 Meter mit einem Flugzeug kollidierte.

Was die Alpendohle jedoch auszeichnet, ist ihre Neigung, Nahrung in außerordentlichen Höhenlagen aufzuspüren und zu verzehren. Mit ihrem hervorragenden Flugvermögen kann diese Art an alle Orte im Gebirge vordringen und dies sogar bei schlechtem Wetter. Sie ist zudem ein Allesfresser (omnivor), der alles und jedes auf Essbarkeit überprüft.

Es ist daher nichts Ungewöhnliches, dass Bergsteiger überall hin von Alpendohlen begleitet werden, die dabei die Reste der vermutlich sehr energiereichen Marschverpflegung aufpicken. Bei einer Gelegenheit folgte ein kleiner Alpendohlentrupp einigen Bergsteigern bis auf 8235 Meter – das ist der aktuelle Höhenrekord für die Nahrungssuche bei Vögeln.

Nahrungsbeschaffung in größter Höhenlage

NAME	**Alpendohle** *Pyrrhocorax graculus*
VORKOMMEN	Gebirge Eurasiens und Nordafrikas
BESONDERHEIT	begibt sich bis in extreme Höhenlagen, um Nahrung zu suchen

Dieses bizarre Gebilde, das in den kahlen abgestorbenen Ästen eines Baumes in Namibia hängt, würde keinen Architekturpreis für Schönheit gewinnen, doch als funktionelle Behausung ist es für seine Bewohner unbezahlbar. Dass es eine attraktive Immobilie ist, zeigt sich daran, dass es nicht nur von den Bauherren, sondern auch von etlichen anderen «Mietern» bewohnt wird.

Dieses Nest wurde von Siedelwebern erbaut, einer sperlingsähnlichen Vogelart mit schwarzer Kehle und braunem Rückengefieder, das durch helle Federsäume geschuppt wirkt. Das Nest wird in vielen Tausend Arbeitsstunden gemeinsam erbaut und erinnert eher an eine Wohnsiedlung. Obwohl alle Vögel unter einem gemeinsamen Dach leben, finden sich auf der Unterseite zahlreiche «Abteile» mit eigenem Eingang, wo jeweils ein Weberpaar wohnt. Insgesamt können in einem großen Gemeinschaftsnest gleichzeitig über 500 Vögel leben. Der Vorteil dieses großen Nests liegt darin, dass es im Sommer kühl bleibt und in der kalten Jahreszeit die Wärme speichert. Derartig «beliebte Immobilien» werden manchmal auch von anderen Vögeln besetzt, ein Beispiel ist der Halsband-Zwergfalke *(Polihierax semitorquatus)*, ein Greifvogel.

Das Nest der Siedelweber ist zwar nicht das größte Vogelnest überhaupt (diesen Rekord halten Adlerhorste, an denen zum Teil über Jahrzehnte gebaut wird), doch seine Maße sind beeindruckend. Manche Gebilde sind bis zu vier Meter hoch und 7,3 Meter breit – sie können bis zu einer Tonne wiegen. Daher kommt es manchmal vor, dass die Nester zu schwer für die tragenden Strukturen werden, auf denen sie errichtet sind. Dies sind nicht nur Bäume, sondern auch Telefonmasten! Gut gebaute Siedelwebernester können über hundert Jahre halten und Generationen von Webervögeln beherbergen. Wenn es einen Architekturpreis für Langlebigkeit gäbe, sollte dieser vielleicht dem Gemeinschaftsnest zugesprochen werden.

Größtes Gemeinschaftsnest

NAME	**Siedelweber** *Philetairus socius*
VORKOMMEN	südliches Afrika
BESONDERHEIT	baut riesige Gemeinschaftsnester

Produktivster Brüter

NAME	**Türkentaube** *Streptopelia decaocto*
VORKOMMEN	Europa bis Südostasien
BESONDERHEIT	versucht so viele Bruten pro Jahr wie möglich aufzuziehen

Diese Türkentaube füttert ihre Jungen und flößt ihnen dabei eine besondere «Milch» ein, die in ihrem Kropf produziert und dann hochgewürgt wird. Tauben gehören (mit Flamingos und dem Kaiserpinguin) zu den wenigen Vogelarten, die ihre Küken mit einer derartigen Kropfmilch füttern. Mit 19 Prozent Eiweiß- und 13 Prozent Fettgehalt ist diese äußerst nahrhaft und bewirkt, dass die Jungtauben sehr schnell wachsen und die beeindruckende «Fertigungsstraße» der Türkentaube rasch durchlaufen.

Das ganze Brutgeschäft der Türkentaube scheint darauf ausgelegt, Küken am Fließband zu produzieren. Die Eier werden zum Beispiel nicht sehr lange bebrütet – nur 13 bis 18 Tage, was für einen Vogel dieser Größe kurz ist. Außerdem können die Jungvögel dank der Kropfmilch so rasch wachsen, dass sie innerhalb weniger Wochen flügge werden. Bei dieser Fließbandkultur werden die Jungvögel aus dem Nest gedrängt, bevor sie auch nur annähernd das Gewicht der Altvögel erreicht haben. Auch die überlappenden Bruten («Schachtelbruten») bringen einen weiteren Zeitgewinn, denn das Weibchen sitzt bereits auf dem nächsten Gelege, während das Männchen unter Umständen noch die flüggen Jungvögel füttert.

Viele Bewohner der gemäßigten Klimaregionen wundern sich, wenn sie mitten im Winter Taubennester mit Eiern entdecken. Bei etlichen Taubenarten (bei uns Türkentauben und Stadttauben) ist dies jedoch ein weiteres ungewöhnliches Merkmal der Brutbiologie. Anders als die Mehrzahl der Vögel durchlaufen Tauben keine Ruheperiode nach der Brut, in der sich die entsprechenden Organe so zurückbilden, dass eine Fortpflanzung zum falschen Zeitpunkt nicht möglich ist. Daher können viele Tauben ganzjährig brüten. Zurzeit hält die Türkentaube den Rekord für die meisten Brutversuche pro Jahr, er liegt bei neun. Dies ist ein eindrucksvolles Zeugnis für die Belastbarkeit und Produktivität von Tauben insgesamt.

Merkwürdigste Abkühlungsmethode

NAME **Waldstorch** *Mycteria americana*
VORKOMMEN wärmere Regionen von Amerika
BESONDERHEIT Abkühlen durch Bespritzen mit Ausscheidungen

Dieser Waldstorch sucht in einem Sumpf nach Nahrung, dabei beugt er sich mit offenem Schnabel ins Wasser, um alles, was vorbeikommt, aufzuschnappen. Unter allen jagenden Vögeln besitzt der Waldstorch die schnellste Reaktionszeit; wenn etwas Essbares – sei es Fisch, Frosch, Flusskrebs oder etwas anderes – an seinem Schnabel vorbeistreift, klappt er diesen in 0,025 Sekunden zu. Nur wenig Beute entkommt, sodass der Waldstorch gewöhnlich gut genährt ist.

Wie die meisten Vertreter der Störche (Ciconiidae) ist der Waldstorch in warmen Klimaregionen heimisch, unter anderem in den südlichen USA und dem nördlichen Südamerika. Daher ist ihm selten kalt, doch Überhitzung ist ein alltägliches Problem. Dass er seine Nahrung oft in voller Sonne sucht und dabei lange Zeit unbeweglich verharrt, macht die Sache umso schwieriger.

Störche können sich auf verschiedene Weise Kühlung verschaffen: Sie suchen wenn möglich den Schatten auf, hecheln und spreizen das Gefieder ab, um Wärme abzugeben. Doch eine andere Abkühlungsmethode hat ihnen die größte (unrühmliche) Bekanntheit verschafft; diese wird wissenschaftlich als Urohydrose umschrieben, bedeutet jedoch schlicht, dass die Störche ihre Beine zur Kühlung mit flüssigen Ausscheidungen (Urin und Kot) bespritzen. Wir sind vielleicht beim bloßen Gedanken daran bereits angewidert, doch an einem heißen Tag ist die resultierende Abkühlung durch Verdunstungskälte für einen Storch eine willkommene Erleichterung – eine wenn auch etwas skurrile Dusche.

Nur wenige andere Vogelgruppen praktizieren diese Urohydrose. Der Schuhschnabel *(Balaeniceps rex)* gehört dazu, ebenso die Neuweltgeier (Cathartidae). Tatsächlich wurde dieses gemeinsame Verhalten von Störchen und Neuweltgeiern als Hinweis für eine nahe Verwandtschaft der beiden Gruppen gesehen, neuere DNA-Untersuchungen haben diese Vermutung jedoch nicht bestätigt.

Bester Architekt

NAME	**Felsenzaunkönig** *Salpinctes obsoletus*
VORKOMMEN	westliches Nordamerika
BESONDERHEIT	setzt Steine bei der Nestkonstruktion ein

Dieser männliche Felsenzaunkönig hat ein Stück versteinertes Holz in einer Blockhalde der südwestlichen USA als Sitzplatz ausgewählt und schmettert sein Lied von dieser ungewöhnlichen Warte aus. Felsenzaunkönige tragen ihren Namen zu Recht, da sie in felsigen Gegenden leben, wo sie überall unter Felsen und in Spalten nach Nahrung suchen.

Doch Felsenzaunkönige bevorzugen Felsgebiete nicht nur zur Futtersuche, sondern setzen dieses harte Material auch beim Nestbau ein. Normalerweise verwenden die kleineren Vertreter der Vogelwelt beim Nestbau leichte Materialien – Gras, Moos, Haare, Federn – einfach deshalb, weil diese leicht, flexibel und temperaturneutral sind. Dass Vogelarten sperriges Material, zum Beispiel Steine, einsetzen, ist sehr ungewöhnlich. Der Felsenzaunkönig ist jedoch in jeder Hinsicht eine Ausnahme.

Zuerst sucht der Vogel eine geeignete Spalte für den Nistplatz. Häufig ist diese tief und geschützt, beispielsweise unter einem großen Felsblock verborgen. Bei einem derart harten Boden könnte man erwarten, dass ein bisschen weiche Polsterung angenehm wäre, doch nein, Felsenzaunkönige verwenden Kieselsteine als Unterbau – nur ganz wenige Vogelarten setzen dieses Baumaterial ein. Wenn die Kiesel an Ort und Stelle sind, wird im Nest etwas Gras und anderes weiches Material verbaut.

Damit ist die Arbeit jedoch noch nicht getan. Aus für uns unerklärlichen Gründen fügen die meisten Felsenzaunkönige jetzt noch ein «gestalterisches Element» hinzu und legen einen «Pfad» zum Nest an, dabei werden bis zu fünfzig mittelgroße Steine verbaut; diese können bis zu einem Drittel des Vogelgewichts ausmachen. Müsste eine derart mühselige Arbeit nicht irgendeinem Zweck dienen? Diesen Zweck kennt zurzeit jedoch nur der Felsenzaunkönig.

Cleverster Transporteur

NAME	**Rosenköpfchen** *Agapornis roseicollis*
VORKOMMEN	südwestliches Afrika
BESONDERHEIT	transportiert das Nistmaterial im Gefieder

Die Vertreter der Papageienfamilie sind insgesamt nicht als Nestbauexperten bekannt. Dies ist sogar eine Untertreibung – viele Arten bauen überhaupt kein Nest, sondern besetzen einfach eine Baumhöhle oder ein Loch in einer Steilwand und gestalten das Innere ein wenig wohnlicher. Einige Arten graben ihre eigene Bruthöhle, während andere vielleicht mit dem Schnabel ein wenig Holz am Grund einer Baumhöhle zerkleinern, um die Unterlage etwas weicher zu machen.

Die «Unzertrennlichen», eine Gattung von afrikanischen Kleinpapageien, bilden jedoch eine Ausnahme. Sie bauen nicht nur ein Nest – sogar ein recht kompliziertes –, sondern manche Arten transportieren ihr Nistmaterial auf eine in der Vogelwelt einzigartige Art und Weise.

Das Rosenköpfchen gehört zu den bekannteren Arten der Gattung; es brütet in Kolonien, die in Felsspalten, Dachvorsprüngen oder in den Gemeinschaftsnestern von Webervögeln angelegt werden. In den ersten beiden Fällen baut das Weibchen ein napfförmiges Nest aus langen Rindenstücken, Blättern und Gräsern. Es schneidet das Pflanzenmaterial mit seinem kräftigen scharfen Schnabel zurecht und steckt das ausgewählte Nistmaterial anschließend mithilfe des Schnabels in den Bürzel- und unteren Rückenfedern fest, um dann relativ unbehindert zur Bruthöhle zu fliegen.

Erstaunlicherweise transportieren nicht alle Arten der Unzertrennlichen ihr Nistmaterial auf die gleiche Weise. Der verwandte Tarantapapagei *(Agapornis taranta)* klemmt das Material überall im Gefieder fest, während das Schwarzköpfchen *(A. personatus)* es ganz konventionell im Schnabel trägt. Warum sich diese ungewöhnliche, doch praktische Transportmethode nur in einer kleinen Gruppe afrikanischer Papageien entwickelt hat, ist nach wie vor unklar.

Bester Wärmetechniker

NAME	**Thermometerhuhn** *Leipoa ocellata*
VORKOMMEN	Australien
BESONDERHEIT	baut einen Brutschrank für das Gelege

Mit seinen großen kräftigen Füßen scharrt dieses Thermometerhuhn den Sand nach hinten. Zuerst könnte man dies für ein normales Scharren nach Nahrung halten, wobei überflüssiges Erdreich auf der Suche nach Leckerbissen entfernt wird.

Doch der Hügel, auf dem das Thermometerhuhn steht, ist in Wirklichkeit ein Nest, und das Wegscharren des Erdreichs ist Teil eines komplizierten Programms zur Temperaturregulation. Das Thermometerhuhn und seine Verwandten sind weltweit die einzigen Vögel, die ihre Eier nicht mithilfe von Körperwärme bebrüten. Stattdessen bauen sie mit großem Aufwand ihren eigenen «Brutschrank» und halten ihre Eier lebensfähig, indem sie eine Kombination aus Sonnen- und Rottewärme einwirken lassen (letztere entwickelt sich, wenn Pflanzenmaterial durch Mikroorganismen zersetzt wird).

Es ist nicht einfach, diese Brut, die auf externen Wärmequellen beruht, erfolgreich durchzuführen. Zuerst muss der Bruthügel errichtet werden – keine kleine Aufgabe. Dazu wird eine etwa ein Meter tiefe und drei bis vier Meter breite Grube ausgescharrt, die mit Blättern, Ästchen und Rinde gefüllt wird. Aus einem Umkreis von zwanzig Meter wird dieses Pflanzenmaterial mühsam in die Grube geschoben. Nachdem es durch Niederschläge befeuchtet ist, bedeckt der Hahn es mit Sand, damit die Rotte einsetzen kann, und gräbt später eine Eikammer.

Sobald die Henne das erste ihrer etwa zwanzig Eier gelegt hat, übernimmt der Hahn die Hauptarbeitslast. Über mehrere Monate muss er die Temperatur des Bruthügels regulieren, indem er je nach Bedarf Material entfernt oder hinzufügt – dies nimmt jeden Tag mehrere Stunden in Anspruch. Zu Beginn wird die Wärmeentwicklung durch den Verrottungsvorgang in Gang gehalten, doch im Sommer ist der Zeitplan des Hügelwächters von der Sonne bestimmt: Zu Tagesbeginn scharrt er Sand weg, damit die Sonnenstrahlen das Innere aufheizen können, doch später, wenn der Tag sich aufwärmt, wird der Hügel wieder aufgefüllt, um die Eier zu isolieren und vor Hitze zu schützen.

Das männliche Thermometerhuhn kontrolliert die Temperatur mit einem besonderen Trick: Es steckt den Schnabel bis zu den Augen in den Haufen und nutzt den Mund als Thermometer. Dank dieser empfindlichen Messmethode kann die Temperatur über Monate bei 33 Grad Celsius gehalten werden – warm genug, aber nicht zu warm, um die Eier im Inneren des Haufens auszubrüten.

Längstes Leben

NAME	**Königsalbatros** *Diomedea epomophora*
VORKOMMEN	Gewässer der Subantarktis und rund um Neuseeland
BESONDERHEIT	ältester wildlebender Vogel

Wenn man diesen Königsalbatros ansieht, der sein Küken umsorgt, ist der Generationsunterschied gut zu erkennen. Bei vielen Kleinvogelarten sind die Nestlinge nur ein oder zwei Jahre jünger als die Elternvögel, doch bei langlebigen Vögeln wie Albatrossen gibt es klare Generationen, sogenannte Kohorten, innerhalb der Population.

Bei diesem junge Königsalbatros liegt die Chance, dass er sein erstes Lebensjahr übersteht, nur bei dreißig Prozent; doch wenn er diese schwierige Phase überlebt hat, kann er höchstwahrscheinlich älter als fast alle anderen Vögel werden. Albatrosse insgesamt werden regelmäßig älter als vierzig Jahre, und der älteste wildlebend nachgewiesene Vogel war ein Königsalbatros. Er trug den Spitznamen «Grandma» und lebte auf Taiaroa Head auf der Südinsel von Neuseeland. Der Vogel wurde als brütender Altvogel im November 1937 beringt und wurde zuletzt am 12. Juni 1989 zusammen mit einem Nestling gesehen. Wenn man annimmt, dass es bis zur ersten Brut etwa zehn Jahre dauerte, muss dieser Königsalbatros 1989 etwa sechzig Jahre alt gewesen sein.

Legt man die jährliche Mortalität von drei bis elf Prozent zugrunde, so kann man ausrechnen, dass einige Albatrosse achtzig Jahre alt werden könnten. Bei diesen Zahlen werden jedoch Alterungseffekte nicht berücksichtigt. So wie der Mensch werden auch Albatrosse älter und anfälliger, und jenseits der dreißig Jahre nimmt die Sterberate rasant zu. «Grandma» war offensichtlich eine bemerkenswerte Ausnahme.

Höchste Krankheitsresistenz

NAME **Japanbrillenvogel** *Zosterops japonicus*
VORKOMMEN Ostasien
BESONDERHEIT hohe Immunität gegen Krankheiten

Der kleine Vogel mit dem weißen Augenring wirkt zart und empfindlich – typisch für die Familie der Brillenvögel, die Nektarfresser sind. Doch der Schein trügt. Es gibt Hinweise, dass Japanbrillenvögel zähe kleine Gesellen sind und eine erstaunliche Immunität gegen einige der virulentesten Vogelkrankheiten besitzen.

Als man in Hawaii Untersuchungen zur Epidemiologie von einheimischen und eingeführten Vogelarten durchführte, wurde auch der Japanbrillenvogel *(Zosterops japonicus)* als Vertreter der letzten Gruppe miteinbezogen. Durch Stechmücken, die mit dem Menschen auf den Archipel gelangten, wurden im 20. Jahrhundert Vogelmalaria und Vogelpocken (Avipoxvirus) eingeschleppt. Diese Krankheiten dezimierten die lokalen Populationen der einheimischen Vögel immens und waren zumindest teilweise dafür verantwortlich, dass etliche der berühmten hawaiischen Kleidervögel (Drepanididae) ausstarben. Die in den 1920er-Jahren eingeführten Japanbrillenvögel waren jedoch anscheinend weitgehend immun und konnten sich ohne offensichtliche Probleme auf den Inseln ausbreiten. Mittlerweile ist diese Art der häufigste Waldvogel auf der Inselgruppe.

Der hohe Grad an Immunität bei der Familie der Brillenvögel ließ sich durch neuere Forschungsergebnisse bestätigen. In einer Untersuchung zur Bissrate von Stechmücken bei Japanbrillenvögeln zeigte sich, dass diese Art es besonders geschickt vermeiden kann, gestochen zu werden. Zudem kommt eine Infektion bei Japanbrillenvögeln seltener zum Ausbruch als bei heimischen Vogelarten, und die Pathogene waren nur in sehr geringen Konzentrationen im Blut nachzuweisen. Als man in Neuseeland den Graumantel-Brillenvogel *(Zosterops lateralis)* untersuchte, zeigte sich auch bei dieser Art, dass sie mit Vogelmalaria und Vogelpocken infiziert sein kann, ohne selbst deutlich beeinträchtigt zu sein. Möglicherweise gibt es also bei diesen Arten, wo man es am wenigsten vermutet, eine familienspezifische Resistenz gegen tödliche Vogelkrankheiten.

Verhalten

Seltsamste Nahrungsvorliebe · Größte gemeinsame Jagd · Cleverster Jäger · Bester Fliegenfischer · Übelster Schmarotzer · Größter Appetit · Komischste Art der Nahrungssuche · Seltsamste «Bebrütung» · Cleverster Schnorrer · Eintönigste Ernährung · Größtes Vorratslager · Blutrünstigster Vogel · Hartnäckigster Mitfahrer · Ausgelassenste Possen · Verrücktester Freier · Längste Kopulation · Seltsamstes Teilzeitmodell · Schönste Balzshow · Kürzeste Zeit am Brutplatz · Eindrucksvollste Drohhaltung · Bester Karaoke-Sänger · Faulster Fresser · Beste Seifenoper · Größte Kolonie · Größter Schlafplatz · Bester Klopfer · Bester Trommler · Informativster Gesang · Längste Fußwanderung · Längster Umweg · Kürzeste Wanderung · Längster Schlaf · Eifrigster Ameisenfolger

Auf den ersten Blick sieht es so aus, als versuche dieser Haubentaucher, sein Junges versehentlich mit einer Feder zu füttern – keine besonders nahrhafte Speise, sollte man meinen. Aber der Haubentaucher weiß, was er tut. Er bietet seinem Nachwuchs die Feder vorsätzlich an, und das Junge reagiert darauf wie ein Kind auf einen Lutscher. Für Haubentaucher sind Federn ein wesentlicher Bestandteil der Ernährung. Sie verzehren unzählige, hauptsächlich die Mauserfedern von Flanken und Bauch.

Warum haben Haubentaucher nur so seltsame Fressgewohnheiten entwickelt? Vermutlich hängt dies mit der Funktionsweise ihres Verdauungstrakts zusammen. Die Federn sammeln sich im Magen und werden rasch zu einer grünlichen Masse abgebaut, die die Hälfte des Magenvolumens ausmachen kann. Diese Masse sitzt als Pfropf am Eingang zum Dünndarm und verhindert das Eindringen unerwünschter Hartteile, wie Fischknochen und Gräten. Möglicherweise ummantelt die Federmasse auch scharfe oder spitze Objekte und sorgt auf diese Weise dafür, dass sie die Darmwand nicht schädigen.

Zudem erlaubt die Federmasse den Haubentauchern, Gewölle zu bilden, die durch den Schnabel ausgewürgt werden. Immer wenn Haubentaucher Federn fressen, trinken sie gleichzeitig sehr viel Wasser; höchstwahrscheinlich nimmt der Vogel bei diesem Auswürgen die Gelegenheit wahr, seinen Mageninhalt durchzuspülen und dadurch zu reinigen. Auf diese Weise könnte er verhindern, dass sich im Verdauungstrakt größere Mengen von Endoparasiten wie Bandwürmer und Saugwürmer ansammeln, unter denen Haubentaucher besonders stark zu leiden haben.

Seltsamste Nahrungsvorliebe

NAME **Haubentaucher** *Podiceps cristatus*
VORKOMMEN in einem großen Teil der Alten Welt
BESONDERHEIT frisst Federn in großer Zahl

Größte gemeinsame Jagd

NAME **Guanoscharbe** *Phalacrocorax bougainvillii*
VORKOMMEN Westküste von Südamerika
BESONDERHEIT kooperatives Fischen

In der Brandung vor der wilden, zerklüfteten Küste Perus tummeln sich unzählige Guanoscharben. Diese Art, die zu den häufigsten Kormoranarten gehört, ist als einer der «Guanovögel» des Humboldtstroms berühmt. Die Vögel leben hier in so großer Zahl, dass der Dünger aus ihren Ausscheidungen zusammen mit dem Kot von Chile-Pelikan *(Pelecanus thagus)* und Guanotölpel *(Sula variegata)* einst den wichtigsten Exportartikel von Peru darstellte. Inzwischen ist die Bedeutung der Guanoindustrie aufgrund von Übernutzung drastisch zurückgegangen.

Wie andere Kormorane auch stellen Guanoscharben ihrer Fischbeute unter Wasser nach. Die Vögel sind stark vom Auftreten einer ganz bestimmten Art, der Südamerikanischen Sardelle oder Anchoveta *(Engraulis ringens)*, abhängig; wenn das Aufkommen dieser Fischart während der Brutzeit gering ist, können die Guanoscharben praktisch keinen Nachwuchs aufziehen. Die Südamerikanische Sardelle ist ein Schwarmfisch, der gewöhnlich weit vor der Küste in tieferen Gewässerschichten lebt. Das führt dazu, dass die Guanoscharben oft in großer Zahl zwischen ihren Brutgebieten an der Felsküste und ihren Fischgründen auf offener See hin- und herpendeln.

Zwar ist Fischen eigentlich ein einsames Geschäft, doch Guanoscharben nutzen manchmal den Gruppenvorteil und fischen gemeinsam, um ihren Fangerfolg zu erhöhen. Dann kann es sein, dass mehrere Tausend Vögel ihre Tauchgänge aufeinander abstimmen, sich alle zur gleichen Zeit ins Wasser stürzen und dann auch fast gleichzeitig wieder auftauchen. So viele Vögel, die alle gleichzeitig Jagd machen, führen bei der Beute natürlich zu einer Massenpanik.

Bei anderen Gelegenheiten schwimmen die Guanoscharben in langer Linie nebeneinander übers Wasser, treiben die Fische vor sich her und bedienen sich aus dem Schwarm. Diese Massenunternehmungen bieten, wie man sich vorstellen kann, einen eindrucksvollen Anblick und bilden die größte gemeinsame Jagdgesellschaft, die in der Vogelwelt bekannt ist.

Dieser Glockenreiher ist nicht kamerascheu, auch wenn es so aussehen mag. Vielmehr setzt er zum Fischen eine bemerkenswerte Jagdtechnik ein, indem er seine Flügel schirmförmig ausbreitet und in seinem eigenen Schatten fischt (engl. *canopy feeding*).

Obgleich Reiher für ihr geduldiges Anstehen beim Fischen bekannt sind, nimmt der Glockenreiher diese spezielle Flügelhaltung nie längere Zeit ein. Vielmehr schreitet ein Vogel auf Nahrungssuche durch einen seichten Tümpel, breitet ein paar Sekunden lang seine Flügel wie eine Glocke über sich aus und stakst dann ein kurzes Stück weiter, um dieses Verhalten zu wiederholen; so bewegt er sich ruckartig über die Wasserfläche. Während er mit seinen Flügeln eine Glocke bildet, bewegt er gewöhnlich seine Füße im eigenen Schatten hin und her, vermutlich, um Beute aufzustöbern. Verglichen mit anderen Reihern ist dieser Vogel ein richtiger Zappelphilipp.

Aus welchem Grund nimmt der Vogel eine so eigenartige Haltung ein? Im Fall des Glockenreihers verringert das Fischen im eigenen Schatten Lichtblendung und Reflexion, sodass der Vogel Fische oder Krebse zu seinen Füßen besser erkennen und damit besser packen kann. Zudem leben Glockenreiher in heißen Ländern und suchen ihre Nahrung im offenen Gelände, sodass sie ständig starker Sonnenbestrahlung ausgesetzt sind. Wir Menschen finden einen Sonnenschirm nützlich, warum daher nicht auch ein Reiher?

Der Hauptgrund für die «Schirmtechnik» ist jedoch wohl, dass sie Fische zum jagenden Vogel lockt. Fische fühlen sich in offenem, seichtem Wasser natürlicherweise verwundbar und streben dementsprechend zu geschützten und schattigen Orten hin. Leider kann sich diese in der Regel höchst vernünftige Strategie unter dem Schirm des Glockenreihers als fataler Irrtum erweisen.

Cleverster Jäger

NAME	**Glockenreiher** *Egretta ardesiaca*
VORKOMMEN	Subsahara-Afrika
BESONDERHEIT	fängt Fische unter seiner Flügelglocke

Dieser Grünreiher bereitet sich, fast waagerecht ausgestreckt, darauf vor, einen Fisch in einem Seerosenteich zu erbeuten. In den nächsten Sekunden wird er zustoßen – dabei hilft ihm eine besondere Anordnung der Halswirbel, Kopf und Schnabel ruckartig nach vorn zu schnellen –, und plötzlich zappelt ein Fisch in seinem Schnabel.

Weltweit praktizieren andere Reiherarten dieselbe Technik, und auf den ersten Blick erscheint die Jagdmethode des Grünreihers nicht ungewöhnlich. Es gibt jedoch einen wirklich charakteristischen Unterschied. In vielerlei Hinsicht hat der Grünreiher mehr mit einem menschlichen Angler gemein als irgendeine andere Vogelart. Er benutzt nämlich regelmäßig Köder, um Fische in seine Reichweite zu locken. Werkzeuggebrauch ist eine Seltenheit unter Vögeln, doch vom Grünreiher – und mehreren seiner nahen Verwandten in anderen Regionen der Welt – wissen wir, dass er verschiedene unterschiedliche Objekte vor sich auf der Wasseroberfläche platziert und dann auf die Fische herabstößt, die von diesen Ködern angelockt werden.

Als Köder dienen ihm Stöckchen, Federn, Brot, gefangene Insekten, Blüten und Maiskörner. Die Köder werden auf die Wasseroberfläche gelegt. Grünreiher in den USA sind sogar dabei beobachtet worden, wie sie Popcorn als Köder auslegten. Natürlich sind einige diese Köder essbar, aber Federn und Stöckchen fungieren als «Trockenfliegen» ohne Nährwert, die die Fische lediglich narren sollen. Interessanterweise brechen einige Grünreiher kleine Zweige von der Ufervegetation, um sie als Köder einzusetzen, ein seltenes Beispiel im Tierreich dafür, dass ein Werkzeug nicht nur gebraucht, sondern auch hergestellt wird. Daher setzen Grünreiher neben der Geduld, für die andere Reiher berühmt sind, auch eine gute Portion Gerissenheit ein.

Bester Fliegenfischer

NAME	**Grünreiher** *Butorides virescens*
VORKOMMEN	Nordamerika
BESONDERHEIT	fängt Fische mittels Köder

Übelster Schmarotzer

NAME **Schmarotzerraubmöwe** *Stercorarius parasiticus*
VORKOMMEN Küsten und Tundragebiete der Nordhalbkugel
BESONDERHEIT leben von der Beute anderer Vögel

Sich einer Schmarotzerraubmöwe so sehr zu nähern wie auf diesem Foto, ist beängstigend, ob man nun als Mensch ihrem Nest zu nahe kommt oder als Seevogel ihre Wege kreuzt. Schmarotzerraubmöwen sind die einzigen Vögel auf der Welt, die an ihren Schwimmfüßen Krallen haben. Diese Krallen und ein scharfer Hakenschnabel machen deutlich, dass diese Vögel nicht nur gefährlich aussehen, sondern darüber hinaus auch bewaffnet sind.

Auch wenn Schmarotzerraubmöwen andere Vögel tatsächlich töten können, ist es ihre schmarotzende Lebensweise, die die größte Bedrohung für andere Vögel darstellt. «Schnorren» ist für diese Vogelart nicht eine Jagdstrategie unter vielen, sondern die typische Form des Nahrungserwerbs. Im Lauf eines Jahres sichert sich eine Schmarotzerraubmöwe mehr Nahrung durch räuberische Erpressung als durch irgendeine andere, «legitime» Art des Nahrungserwerbs. Während der Brutzeit lebt sie zeitweise nur von «Mundraub»; dann ernährt sie sich und ihre Küken ausschließlich mit Futter, das sie anderen Vögeln abjagt.

Schmarotzerraubmöwen sind nicht nur bestens für Angriffe ausgestattet und sehr wehrhafte Vögel, sondern auch ausgezeichnete Flieger mit langen, spitz zulaufenden Flügeln und schlankem Körper. Das erlaubt ihnen zweierlei: Erstens können sie einem Vogel, der mit einem Schnabel voller Fische zu seiner Kolonie zurückkehrt, auflauern und ihn dann solange jagen, bis er schließlich erschöpft aufgibt und seinen hart verdienten Fang fallen lässt. Zweitens können Schmarotzerraubmöwen den abgejagten Fisch dank ihrer Wendigkeit entweder noch in der Luft auffangen oder rasch von der Wasseroberfläche schnappen, um anschließend mit ihrem Raubgut ins eigene Territorium zurückzukehren.

Diese Art der Nahrungspiraterie spielt für Schmarotzerraubmöwen eine so bedeutende Rolle, dass sie ihre Brutzeit mit ihrem wichtigsten Opfer, dem Papageitaucher *(Fratercula arctica)*, koordinieren. Weitere Vogelarten, die häufig von der Schmarotzerraubmöwe bedrängt werden, sind Dreizehenmöwe *(Rissa tridactyla)* und Küstenseeschwalbe *(Sterna paradisaea)*.

Todis sind winzige Vögel, die nur auf den Westindischen Inseln vorkommen. Mit Eisvögeln verwandt, teilen sie deren Farbenpracht und die Angewohnheit, ihre Brutröhren in Erdwänden anzulegen. Wegen ihrer auffälligen Färbung und ihres kecken Wesens sind sie leicht zu erkennen und erfreuen sich allgemeiner Beliebtheit.

Der Vielfarbentodi ist hier in typischer Haltung abgebildet. Er sieht harmlos, beinahe niedlich aus. Aber wie die vier anderen Vertreter seiner Familie ist dieser kleine Vogel in Wirklichkeit ein gefräßiger Räuber. In seinem Lebensraum dezimiert er die Fauna an kleinen Wirbellosen beträchtlich, und seine Fressrate ist so hoch wie bei keinem anderen Vogel auf der Welt.

Bei mehreren Studien, die auf verschiedenen Westindischen Inseln durchgeführt wurden, staunten die Forscher so sehr über den fabelhaften Appetit der Vögel, dass sie deren Nahrungsaufnahme statistisch erfassten. Demnach verschlingt ein Todi im Lauf eines Tropentages – also der 14 Stunden, in denen er nach Nahrung suchen kann – pro Minute 1,1 bis 1,9 Beutetiere, seien es Fliegen, Motten, Bienen, Ameisen oder Heuschrecken. Das addiert sich auf 924 bis 1596 Beutetiere pro Tag und entspricht beim Todi rund vierzig Prozent des Körpergewichts.

Während der Brutzeit steigt die Beutemenge noch weiter an, weil die Todis zusätzliche Schnäbel zu stopfen haben. Die Gelegegröße liegt gewöhnlich bei drei Eiern, und im späten Nestlingsstadium schaffen Todis pro Küken häufiger Nahrung heran als irgendein anderer Elternvogel: Die Küken werden durchschnittlich 140 Mal pro Tag gefüttert. Schätzungen zufolge hat eine einzige Todifamilie in Puerto Rico in fünfeinhalb Monaten rund 1,8 Millionen Insekten verzehrt. Kleine Insekten, nehmt euch in Acht!

Größter Appetit

NAME **Vielfarbentodi** *Todus multicolor*
VORKOMMEN Kuba
BESONDERHEIT schnellste Fressrate

Es gibt gewisse Berichte über das Verhalten von Vögeln, die so bizarr und unwahrscheinlich sind oder derart die Lachmuskeln reizen, dass es schwer fällt, sie beim ersten Lesen zu glauben. Nehmen Sie als Beispiel nur diese Geschichte über eine ansonsten völlig unauffällige Art, die Tasmanerddrossel, die in den Regenwäldern im Osten Australiens auf dem Waldboden ihre Nahrung sucht. Diese Geschichte ist gut dokumentiert, doch ich kann es Ihnen nicht übel nehmen, wenn Sie sie nicht glauben.

Tasmanerddrosseln stöbern fast ausschließlich in der Laubstreu nach Nahrung; ihre bevorzugte Beute sind Regenwürmer. Daran ist an sich nichts Ungewöhnliches – überall auf der Welt fressen Drosseln gerne Würmer. Der erste Hinweis, dass hier etwas Seltsames vor sich ging, war die Beobachtung, dass sich diese Drosseln während der Futtersuche häufig hinhockten, wobei sie ihre Kloake so nahe über den Boden hielten, als wollten sie Kot absetzen. Gleichzeitig vernahmen die Beobachter ein leises Geräusch, das an entfleuchende Darmwinde erinnerte.

Ja, Sie haben richtig gelesen. Es sieht so aus, als würden Tasmanerddrosseln absichtlich furzen, während sie nach Nahrung suchen. Die plötzliche «Explosion» schreckt die Regenwürmer offenbar auf und veranlasst sie, sich zusammenzuziehen und so ihren Standort zu verraten. Dann kann sich die Drossel rasch herumdrehen und ihre Beute packen.

Das ist noch nicht das Ende der Geschichte. Bei näherem Hinsehen entdeckten dieselben Beobachter, dass die Vögel kurz vor dem Hinhocken ein anderes, noch leiseres Geräusch fabrizieren, wie es beim Luftschlucken entsteht. Dank ihres kurzen Darmtrakts können die Vögel offenbar in rascher Folge Luft schlucken und in Form von Darmgasen wieder abgeben, sodass sie diese ungewöhnliche Strategie zur Nahrungssuche einsetzen können.

Komischste Art der Nahrungssuche

NAME **Tasmanerddrossel** *Zoothera lunulata*
VORKOMMEN östliches Australien
BESONDERHEIT Nahrungssuche durch «Pupsen»

Seltsamste «Bebrütung»

NAME **Raufußkauz** *Aegolius funereus*
VORKOMMEN zirkumpolare boreale Nadelwälder
BESONDERHEIT wärmt gefrorene Nahrung wieder auf

Im hohen Norden gibt es im Winter Tage mit gutem und schlechtem Jagderfolg. Dieser Raufußkauz hat offenbar einen guten Tag gehabt. Er hält eine noch unangetastete Rötelmaus in seinen Fängen, daher ist er wahrscheinlich noch satt von früheren Beutezügen.

Solange die Witterungsbedingungen gut sind, geht der Kauz weiter auf Jagd. Ein rascher Wetterwechsel könnte schon bald dafür sorgen, dass der Raufußkauz – unter Umständen tagelang – nicht jagen kann, doch überschüssige Beute lässt sich lagern. Der Kauz versteckt die Kadaver seiner kleinen Beutetiere vorwiegend in Baumhöhlen; manchmal klemmt er sie auch in eine Astgabel. Fünf oder sechs Kadaver können auf diese Weise in Nahrungsdepots zusammenkommen, eine wichtige Futterquelle als Rücklage für schlechte Zeiten.

Im Winter ist Verstecken ideal, weil die Nahrung dann durch den Frost frisch bleibt. Theoretisch kann dieser Vorrat Tage, wenn nicht gar Monate vorhalten. Die ganze Sache hat nur einen Haken: Gefrierfleisch ist nicht leicht zu handhaben und zudem schwer verdaulich. Eulenvögel verzehren ihre Beute gewöhnlich in frischwarmem Zustand, daher sind tiefgefrorene Kadaver kaum eine ideal Nahrung für sie.

Was machen die Raufußkäuze also? Nun, sie haben eine simple Lösung parat. Vögel wärmen ihre Eier mittels Körperwärme, ein Vorgang, den man als Brüten bezeichnet. Und genau das tut der Raufußkauz. Er kauert sich auf die Nahrung, um sie aufzutauen. Etwas Körperwärme, und schon lässt sich der Rötelmauskadaver viel besser zerteilen und schmeckt auch viel besser.

Cleverster Schnorrer

NAME **Schwarzkehl-Honiganzeiger** *Indicator indicator*
VORKOMMEN Subsahara-Afrika
BESONDERHEIT führt Menschen vorsätzlich zu Bienenkolonien

Dieser Schwarzkehl-Honiganzeiger hockt auf einer Astspitze, um sich so auffällig wie möglich zu machen. Dieser Vogel ist nicht menschenscheu und lässt sich gern fotografieren; vom Verstecken hält er gar nichts. Vielmehr sieht er Menschen als potenzielle Verbündete an: Der Honiganzeiger kommuniziert ganz bewusst und zu seinem eigenen Vorteil mit dem Menschen.

Die Grundnahrung des Schwarzkehl-Honiganzeigers ist Bienenwachs. Zusammen mit seiner nächsten Verwandtschaft gehört er zu den wenigen Vögeln weltweit, die Wachs dank spezieller Enzyme im Darmtrakt verwerten können. Im afrikanischen Busch gibt es viele Bienennester, doch es kann riskant sein, sie zu öffnen. Schon körperlich ist diese Arbeit recht beschwerlich, aber die eigentliche Gefahr droht von den Bienen, die es verständlicherweise nicht so einfach hinnehmen, wenn ihr Nest geplündert wird. Obgleich Honiganzeiger eine besonders dicke Haut haben, um sich zu schützen, reagieren sie empfindlich auf das Gift der Bienen. Manchmal findet man unter einem Bienennest daher tote Honiganzeiger; eines dieser Opfer wies am ganzen Körper rund 300 Stiche auf.

Daher ist es für einen Honiganzeiger besser und sicherer, die «schmutzige» Arbeit von einem größeren Tier verrichten zu lassen, und hier kommt der Mensch ins Spiel. Menschen mögen Honig und räumen häufig Bienenkolonien aus. Im Lauf der Jahre haben Schwarzkehl-Honiganzeiger dies gelernt und eine symbiotische Beziehung zu Jäger-und-Sammler-Stämmen aufgebaut. Die Honiganzeiger sind beim Aufspüren von Bienennestern geschickter als Menschen und haben gelernt, diese dorthin zu leiten – daher der Name.

Wenn der Vogel Honig anzeigen will, macht er den Menschen mit lauten, schwätzenden Rufen auf sich aufmerksam und fliegt ihm voran, wobei er seine auffälligen Schwanzfedern aufblitzen lässt. Während der Mensch ihm folgt, führt ihn der Vogel mit seinem auffälligen Verhalten zum Bienennest und hört dort auf zu rufen. Der Mensch öffnet das Nest, entnimmt den Honig und lässt dem Vogel als «Bezahlung» traditionellerweise die Wabe.

Eintönigste Ernährung

NAME **Auerhuhn** *Tetrao urogallus*
VORKOMMEN Eurasien
BESONDERHEIT lebt monatelang nur von Kiefernnadeln

Dieser Auerhahn stapft durch den Schnee, nachdem er seinen Groll gerade an einem Fotografen ausgelassen hat. Auerhühner sind zu Beginn der Brutzeit notorisch reizbar und neigen dazu, alles anzugreifen, was groß ist und sich bewegt, ganz gleich, ob Hirsch, Fahrrad oder insbesondere ein anderes Auerhuhn. Ihre schon sprichwörtliche Übellaunigkeit geht zweifellos auf die für das Frühjahr typische, hormonell gesteuerte Revierverteidigung zurück. Aber Auerhühner und andere Raufußhühner haben im vorangegangenen Winter eine schwere Zeit durchgemacht, sodass man ihnen ihre schlechte Laune durchaus nachsehen kann.

Wer möchte sich beispielsweise im Winter monatelang von nichts anderem als Kiefernnadeln ernähren? Auerhühnern bleibt gar keine andere Wahl. Viele Vögel verbringen den ganzen Winter auf einem einzigen Baum, fressen nichts anderes als dessen Nadeln sowie ein paar Knospen und hocken ansonsten einfach nur herum. Raufußhühner haben einen sehr langen Darm, in dem die Zellulose aus den zähen Kiefernnadeln von der Bakterienfauna abgebaut wird; dabei werden so viele Nährstoffe wie möglich gewonnen. Die wenig abwechslungsreiche Nahrung ist zwar unter den gegebenen Umständen praktisch, macht die Vögel aber nicht gerade zu einem Ausbund an Energie.

Nicht nur Auerhühner haben eine eintönige Ernährung. In Nordamerika ernährt sich das Tannenhuhn *(Falcipennis canadensis)* unter Umständen ausschließlich von Koniferennadeln, während das Beifußhuhn *(Centrocercus urophasianus)* im selben Maße von Beifuß abhängig ist und das Kragenhuhn *(Bonasa umbellus)* nichts als Espenknospen frisst. Das auf den Britischen Inseln heimische Schottische Moorschneehuhn *(Lagopus scotica)* ernährt sich noch eintöniger: Neunzig Prozent seiner Nahrung bestehen ganzjährig – also nicht nur im Winter – nur aus Heidekraut, insbesondere aus Besenheide.

Größtes Vorratslager

NAME **Eichelspecht** *Melanerpes formicivorus*
VORKOMMEN westliches Nordamerika nach Süden bis Kolumbien
BESONDERHEIT hortet Abertausende von Eicheln

Es ist eine Sache, ein paar Löcher in Bäume zu hacken, aber dieser Specht scheint die Dinge doch ein wenig zu übertreiben. Die hier abgebildete Art ist jedoch ein Eichelspecht, ein Vogel, der für seine ungewöhnliche Vorratshaltung bekannt ist. Im nördlichen Teil seines Verbreitungsgebiets ist er stark vom Eichelaufkommen abhängig; Eicheln können, aufs Jahr gerechnet, fünfzig bis sechzig Prozent seiner Nahrung ausmachen; im Winter liegt ihr Anteil deutlich höher.

Das Aufkommen von Eicheln ist natürlich übers Jahr ganz ungleich verteilt, daher erntet der Specht die Eicheln im Herbst und deponiert sie in Löchern, die er in einen Baum hackt, wie hier auf dem Bild zu sehen. Die Nüsse, bei denen es sich auch um Mandeln, Walnüsse und Pekannüsse handeln kann, werden fest im Loch verkeilt. Das soll Diebe abhalten, die keinen so kräftigen Schnabel wie der Specht haben, aber versucht sein könnten, sich zu bedienen, wenn der Specht gerade einmal nicht hinschaut.

Die sogenannten Speicher, die bis zu 50 000, im Lauf vieler Generationen gehämmerter Löcher umfassen können, ziehen natürlich Nahrungskonkurrenten magisch an. Um eine so üppige und lebenswichtige Ressource zu verteidigen, bilden Eichelspechte daher Gruppen, die auf Dauer zusammenleben und sich die Vorräte in den Speicherbäumen teilen. Diese Gruppen, die bis zu zwölf Alttiere umfassen können, bleiben auch in der Brutzeit zusammen und nisten auch gemeinsam. Jedes Gruppenmitglied hilft beim Bebrüten der Eier und beim Füttern der Jungvögel.

Die meisten Eichelspechte benutzen Bäume als Vorratslager, machen aber auch vor anderen Holzkonstruktionen, wie Telegrafenstangen, nicht halt. Das kann Telefongesellschaften schon einmal Kopfschmerzen bereiten, aber vom Standpunkt der Eichelspechte aus gesehen, sind die kräftigen, glatten Stangen zur Vorratshaltung einfach ideal.

Diese blutige Szene zeigt zwei Hood-Spottdrosseln, die sich einem verletzten Nazca-Tölpel *(Sula granti)* nähern, als wollten sie ihm den Gnadenstoß versetzen. Tatsächlich sind die kleineren Vögel trotz ihres langen, gebogenen Schnabels und ihrer Knopfaugen nicht so räuberisch veranlagt, wie es scheint. Sie verhalten sich lediglich opportunistisch, sammeln sich am Unglücksort und hoffen, davon zu profitieren.

Es waren nicht die Spottdrosseln, die den Tölpel verletzt haben. Der junge Tölpel hat den Fehler begangen, sich zu weit von seinem Nest zu entfernen, und seine schlimmen Verletzungen stammen von den Angriffen benachbarter Alttiere. Die Spottdrosseln sind jedoch sicherlich nicht gekommen, um ihm zu helfen. Jahrelange Isolation auf der Insel Española (auch als Hood-Insel bekannt) haben sie gelehrt, Nahrung zu suchen, wo immer sie zu finden ist – das gilt auch für Blut. Diese Spottdrosseln werden so lange Blut aus der Wunde des jungen Tölpels trinken, wie dieser zu schwach ist, um sich zu wehren.

Hood-Spottdrosseln ernähren sich von Blut sowie Körperflüssigkeiten aus anderen Quellen. Sie stürzen sich auf die Plazenta von Seelöwen und wagen sogar, an den Wunden von Seelöwenbullen herumzupicken, die sich in Kämpfen mit Rivalen verletzt haben. Besucher sind oft schockiert, wenn sie feststellen, dass sie von kleinen Spottdrosselschwärmen verfolgt werden, die sich für Kratzwunden an ihren Beinen interessieren. Das Trinken von Blut birgt jedoch auch Risiken, und es gibt viele Fälle von allzu eifrigen Hood-Spottdrosseln, die von erbosten unfreiwilligen Blutspendern getötet wurden.

Blutrünstigster Vogel

NAME	**Hood-Spottdrossel** *Nesomimus macdonaldi*
VORKOMMEN	Galapagosinseln
BESONDERHEIT	trinkt das Blut verwundeter Tiere

Hartnäckigster Mitfahrer

NAME **Rotschnabel-Madenhacker** *Buphagus erythrorhynchus*
VORKOMMEN Ostafrika
BESONDERHEIT besorgt sich eine kostenlose Mitfahrgelegenheit und gönnt sich gleichzeitig einen kleinen Imbiss

Diese Aufnahme zeigt einen Rotschnabel-Madenhacker in seinem natürlichen Lebensraum – auf dem Kopf eines Zebras! Dieser eigenartige Vogel, der zur selben Familie wie der Star gehört, hält sich selten woanders als auf großen vierbeinigen Weidegängern auf. Sein Leben spielt sich buchstäblich auf dem Rücken anderer Tiere ab.

Der Rotschnabel-Madenhacker bearbeitet die Fell- und Hautpartien seiner Wirte, wobei er ungewöhnliche Nahrungspräferenzen zeigt, die an Vampirismus grenzen. Er gehört zu den seltenen Vögeln, die auf den Verzehr von Zecken spezialisiert sind: Mit seinem Schnabel, den er wie eine Pinzette gebraucht, zieht er die Zecken aus der Haut seiner Wirte und verspeist sie. Wenn es ihn nach Abwechslung gelüstet, verschmäht er auch Läuse und verschiedene blutsaugende Fliegenarten nicht.

Der gemeinsame Nenner bei all diesen schmackhaften Bissen ist die Ernährungsweise der erbeuteten Tiere – sie alle saugen Blut. Das hat den Verdacht aufkommen lassen, dass es dem Madenhacker weniger um den Eiweißgehalt seiner Beutetiere als um das Blut seines Wirtes geht. Dies wird durch eine Reihe von Hinweisen bestätigt. Zum einen bevorzugen Madenhacker vollgesogene gegenüber nüchternen Zecken und können von ersteren hundert Stück am Tag verzehren – was dafür spricht, dass es ihnen auf das Blut ankommt. Zum anderen trinken sie oft Blut und andere Körperflüssigkeiten aus den Wunden eines Tieres, auch wenn weit und breit keine Zecke zu sehen ist.

Bestimmte Großsäuger werden von den Madenhackern als Wirte bevorzugt. Zebras stehen nur selten ganz vorn auf der Liste; beliebt sind vor allem Giraffen, Nashörner und Kaffernbüffel, wobei Warzenschweine eine gern genutzte Nischenoption darstellen. Verständlicherweise suchen sich Madenhacker gewöhnlich große, massige Tiere aus; aber bestimmte Wirte wie Impalas, die besonders stark unter Parasitenbefall zu leiden haben, sind die Ausreißer aus diesem Trend. Auf dem Rücken von Elefanten sind Madenhacker fast nie zu finden. Offenbar haben diese grauen Riesen eine besonders empfindliche Haut und können die Berührung der Madenhackerkrallen nicht ertragen.

Ausgelassenste Possen

NAME **Kea** *Nestor notabilis*
VORKOMMEN Neuseeland
BESONDERHEIT spielen

Die Intelligenz von Papageien ist wohlbekannt; dazu kommt die Sprachbegabung dieser Vögel, die zu ihrer enormen Popularität als Hausgenossen und zu ihrer Beliebtheit in Tierparks geführt hat. Wenig bekannt ist ihre Spielfreude, die bei Papageien allgemein hoch entwickelt ist und ihren Gipfel wohl beim Kea erreicht, einer Hochgebirgsart aus Neuseeland. In der rauen Umwelt, in der Keas leben, müssen Jungvögel früh damit beginnen, sich mit ihrem Lebensraum vertraut zu machen, und Spielen ist eine gute Möglichkeit, etwas über soziale Beziehungen, Nahrungssuche und Überleben zu lernen.

Wanderer in Neuseeland sehen das womöglich anders. Sie werden manchmal regelrecht von Kea-Banden verfolgt, die ihre Lebensmittelvorräte plündern und mit allem herumspielen, was unbeaufsichtigt herumliegt. Die Vögel haben schon Tassen und Becher geklaut und sie wie unartige Schulkinder den Berghang hinabgeworfen. Oder, noch lästiger, sie rutschen frühmorgens die schrägen Zeltplanen hinunter und wecken die schlafenden Wanderer.

Rutschen ist überhaupt ein beliebter Zeitvertreib. In den kalten Gebirgsregionen, wo die Keas heimisch sind, gleiten sie regelmäßig die verschneiten Hänge hinunter, manchmal sogar auf dem Rücken. Außerdem rutschen sie Windschutzscheiben und Dächer hinunter und sind in Gefangenschaft beim Formen von Schneebällen beobachtet worden. Gewöhnlich spielen die Vögel in altersgemischten Gruppen, und es kommt nicht selten zu Schaukämpfen und allerlei Possen: Beispielsweise legt sich ein Vogel auf den Rücken, streckt die Beine in die Luft und tritt nach einem anderen Vogel, der auf ihm balanciert; auch Rückenschwimmen wurde schon beobachtet.

In einer Geste der Zusammengehörigkeit groomt ein Prachtstaffelschwanzmännchen seine Partnerin. Die enge Beziehung der beiden Vögel ist nicht nur physischer Natur; Prachtstaffelschwanzpaare bleiben lebenslang zusammen und bleiben das ganze Jahr hindurch im selben Revier. Das Familienglück färbt auf die Jungen ab, die oft ein Jahr oder länger bei den Eltern bleiben. Wenn man in freier Wildbahn auf Prachtstaffelschwänze trifft, dann gleich meist auf eine kleine Gruppe.

Dennoch kann man die Beziehung innerhalb dieses Paares als «offen» bezeichnen, weil beide Partner trotz ihres engen Zusammenlebens oft versuchen, außerhalb der Paarbindung sexuelle Beziehungen aufzunehmen. Beide Geschlechter können sich promisk verhalten; tatsächlich gehört der Prachtstaffelschwanz zu denjenigen Vogelarten, die ihrem Hauptpartner am wenigsten «treu» sind. Wie eine Studie zeigte, stammten nur 24 Prozent der Eier im Gelege eines Weibchens von seinem sozialen Partner. Warum der Prozentsatz der Paarungen außerhalb der Partnerschaft so hoch ist, wissen wir nicht.

Das Verhalten des Weibchens ist besonders interessant. In seiner fruchtbaren Phase in der Brutzeit besucht es vor Sonnenaufgang reihum verschiedene Männchen, um mit ihnen zu kopulieren. Das Männchen kommt Weibchen, die es zu dieser Tageszeit besuchen, ebenso gern entgegen.

Der Grundstein für diese frühmorgendlichen Aktivitäten wird in den Monaten vor Brutbeginn gelegt, wenn die männlichen Prachtstaffelschwänze regelmäßig Nachbarreviere aufsuchen und ihre Vorzüge ins rechte Licht rücken. Dabei zeigen sie sich oft äußerst taktlos und suchen dem jeweiligen residierenden Weibchen zu imponieren, während der Revierbesitzer daneben hockt. Sie bringen ihrer Holden im Schnabel sogar Blüten als Geschenk, und zwar stets gelbe. Wie es aussieht, werden die «außerehelichen» Paarungen bei diesen Gelegenheiten vorbereitet. Hinter der Geste ehelicher Treue, die hier abgebildet ist, verbirgt sich also eine deutlich promiskere Realität.

Verrücktester Freier

NAME **Prachtstaffelschwanz** *Malurus cyaneus*
VORKOMMEN Südost-Australien
BESONDERHEIT das Männchen bringt seiner «Angebeteten» Blumen

Seggenrohrsänger gehören zu den unauffälligen braunen Kleinvögeln, deren Bestimmung Anfänger zur Verzweiflung treibt, doch hinter dem schlichten Äußeren dieser Art verbirgt sich eine überraschende Lebensweise. Das Paarungssystem des Seggenrohrsängers ist einzigartig und erfordert eine ungewöhnlich lange Vereinigung von Männchen und Weibchen, möglicherweise die längste ihrer Art im Vogelreich.

Seggenrohrsänger brüten nur in Europa, und zwar in einem seltenen und schrumpfenden Lebensraum – in Niedermooren mit bis zu achtzig Zentimeter hohen Seggenbeständen, die von Wasserflächen durchsetzt sind. Ein solcher Lebensraum ist besonders reich an Insekten, ein Faktor, der es vermutlich mit sich gebracht hat, dass männliche Seggenrohrsänger von sämtlichen Brutpflichten freigestellt sind. Das Weibchen baut das Nest, bebrütet die Eier und zieht die Jungen alleine auf, während das Männchen lediglich singt und nach Paarungsgelegenheiten Ausschau hält.

Da das Männchen wenig anderes zu tun hat, kann es nicht überraschen, dass es viel Zeit und Mühen darauf verwendet, seine Vaterschaft sicherzustellen. Jedes Männchen hat zahlreiche Partnerinnen, und seine Hoden sind größer, als es für einen Vogel dieser Größe die Norm ist. Dies spricht für eine harte Spermienkonkurrenz. Das Männchen hat darüber hinaus noch eine andere, ungewöhnliche Strategie, um sicherzustellen, dass es seine Gene sind, die sich durchsetzen. An Frühlingsabenden, an denen die Weibchen besonders fruchtbar sind, sucht das Männchen sie auf und bleibt einfach eine erstaunlich lange Zeit auf dem Rücken seiner Partnerin hocken – vermutlich, um andere Männchen fernzuhalten. Während die Paarung bei den meisten Vogelarten kaum eine Sekunde dauert, ist es bei Seggenrohrsängern bis zu einer halben Stunde.

Die Strategie ist jedoch nicht so erfolgreich, wie man erwarten könnte. Die meisten Gelege mit rund sechs Eiern sind von zwei Männchen befruchtet, manche gar von vieren. Unter solchen Umständen ist offenbar eine lange Kopulation notwendig, um überhaupt irgendeinen Paarungserfolg zu erzielen.

Längste Kopulation

NAME **Seggenrohrsänger** *Acrocephalus paludicola*
VORKOMMEN Europa
BESONDERHEIT Vogelart, die möglicherweise am längsten kopuliert

Seltsamstes Teilzeitmodell

NAME **Madeira-Wellenläufer** *Oceanodroma castro*
VORKOMMEN Galapagosinseln und Azoren
BESONDERHEIT zwei Populationen teilen sich dieselbe Nisthöhle

In der Vogelwelt sind Nistplätze in der Regel sakrosankt. Wenn möglich, kehren viele Arten jedes Jahr zum Brüten – manchmal aus vielen Tausend Kilometern Entfernung – zum selben Nistplatz zurück, den sie mit traumwandlerischer Sicherheit wiederfinden. Ist der Nistplatz einmal in Besitz genommen, so reagieren die meisten Inhaber höchst unfreundlich auf Übernahmeversuche, und wenn es zum Konflikt kommt, kann dieser blutig, wenn nicht gar tödlich enden, denn ein gestohlener Nistplatz ist meistens für immer verloren.

Der abgebildete Madeira-Wellenläufer verhält sich in dieser Hinsicht zweifellos wie jede andere Vogelart und beansprucht jedes Jahr nachdrücklich «seinen» Nistplatz. Das Besondere an diesem Fall ist jedoch, dass jedes Paar seine Nisthöhle – ob wissentlich oder unwissentlich – mit einem anderen Brutpaar derselben Art teilt. Die beiden Nistplatzbesitzer kommen sich jedoch nicht in die Quere, da sie in einer Art Teilzeitmodell zu verschiedenen Jahreszeiten brüten. Bisher hat man dieses Phänomen bei zwei Populationen von Madeira-Wellenläufern beobachten können. Auf den Galapagosinseln legt die eine Schicht ihre Eier im Mai oder Juni, während die andere von November bis Januar brütet. Unterdessen kommt auf Baixo und Praia auf den Azoren eine Schicht im Sommer (Juni/Juli) zur Eiablage, die andere im Herbst (Oktober bis Dezember). Wie es aussieht, wechseln Individuen zumindest auf den Azoren nicht von einer Schicht in die andere über.

Tatsächlich findet sich in der Azorenpopulation ein geringfügiger morphologischer Unterschied zwischen den Vögeln, die in der warmen Jahreszeit, und denjenigen, die in der kalten Jahreszeit brüten. Die «kalten» Vögel sind etwas größer und schwerer als die «warmen», und ihre Eier sind länger und wiegen ein wenig mehr. Die Unterschiede sind gering, und die Vögel lassen sich in freier Wildbahn nicht voneinander unterscheiden – nicht von menschlichen Beobachtern und vermutlich auch nicht von Artgenossen. Genetische Studien sprechen jedoch dafür, dass diese Vogelart dabei ist, sich zu zwei getrennten, eigenständigen Arten zu entwickeln.

Schönste Balzshow

NAME **Pfau** *Pavo cristatus*
VORKOMMEN Indischer Subkontinent
BESONDERHEIT das wohlbekannte Schlagen des Pfauenrades

Dieses Schauspiel ist wahrscheinlich so bekannt, dass man sich daran gewöhnt hat, aber gibt es eine Balz, die schöner oder spektakulärer ist als diejenige des Pfaues? Der schimmernde Schwanzfächer mit seinen «Augen», die irisierend grün, blau und orange schillern, ruft beim menschlichen Betrachter seit Jahrhunderten Staunen und Bewunderung hervor (wir bewundern diese Pracht wahrscheinlich viel mehr als die ostentativ gelangweilt wirkenden Pfauenhennen). Es zeigt, dass es sich im Tierreich lohnt, sich üppig in Schale zu werfen, um Erfolg bei der sexuellen Selektion zu haben.

Pfauenhähne konkurrieren miteinander um Territorien, die als Arena für ihre Show dienen. Die Reviere liegen oft dicht nebeneinander und erlauben der holden Weiblichkeit, die Fähigkeiten der Hähne zu vergleichen. Die Hähne stoßen ihre lauten, arttypischen Rufe aus, um auf sich aufmerksam zu machen, und verbringen viel Zeit damit, auf Besucherinnen zu warten, vor denen sie sich «aufspielen» können.

Sobald eine Pfauenhenne die Arena eines Hahnes betritt, dreht sich der Hahn um und präsentiert der Henne die schlicht gefärbte Unterseite seiner Schleppe samt weißem Federtuff. Dann schüttelt er seine Flügel und versucht, die Henne Schritt für Schritt in die Mitte der Arena zu locken. Sobald sie sich dort befindet, dreht sich der Hahn um, als betrete ein Schauspieler die Bühne, schüttelt seine Schleppe geräuschvoll und präsentiert sein buntes Rad in voller Pracht.

Pfauenhennen achten beim Fächer – bei dem es sich nicht um die eigentlichen Schwanzfedern, sondern um die darüber liegenden Oberschwanzdecken handelt – weniger auf den künstlerischen Effekt als auf quantitative Merkmale. Pfauenhähne können bis zu 150 «Augen» auf ihrer Schleppe tragen, und in diesem Fall gilt offenbar die Devise «je mehr, desto besser». Eine Henne kopuliert fast immer nur mit dem Hahn, der die meisten Augenflecke auf seinen Federn aufweist, und das ist in der Regel das älteste und erfahrenste Tier.

Pfauenhennen gehen bei der Wahl ihres Geschlechtspartners außerordentlich gewissenhaft und gründlich vor. Erst nach wiederholten Besuchen zahlreicher Männchen, die sich oft über Wochen hinziehen, erlaubt eine Pfauenhenne schließlich dem glücklichen Sieger, sie zu besteigen.

Dieser Sichelstrandläufer kümmert sich in der baumlosen Tundra der russischen Arktis um seine Brut. Man kann von vornherein annehmen, dass es sich um ein Weibchen handelt, denn männliche Sichelstrandläufer kümmern sich weder um das Gelege noch um die Aufzucht der Jungen. Tatsächlich hat der Vater beziehungsweise die Väter der Küken das Brutgebiet bereits verlassen.

Die Paarungszeit des Sichelstrandläufers ist ungewöhnlich kurz und hektisch. Die beiden Geschlechter, die Mitte Juni im Brutgebiet eintreffen, bilden keinerlei dauerhafte Paarbindung aus. Die Männchen verbringen ihre Tage in der Tundra damit, jedem vorbeifliegenden Weibchen hinterherzujagen, das sie zu Gesicht bekommen, und beide Geschlechter sind offenbar promisk. Das Brutsystem ist daher auf seine grundlegendste Funktion reduziert, und nach der Paarung hat das Männchen das Seine getan und verdrückt sich. Manche Individuen bleiben nur zwei Wochen im Brutgebiet, bevor sie sich wieder nach Süden aufmachen.

Ungewöhnlich an diesem System ist die schiere körperliche Leistung, die erforderlich ist, um das Brutgebiet für diese kurze Zeit zu erreichen. Während das Brutgebiet des Sichelstrandläufers recht begrenzt ist, sich auf die Halbinsel Taimyr konzentriert und zwischen 70° und 128° Ost liegt, ist sein Überwinterungsgebiet riesig und reicht von Westafrika bis Australien. Einige Individuen legen zwischen ihren Brut- und Winterquartieren mehr als 10 000 Kilometer zurück. Tatsächlich dauert die Wanderung zum Brutplatz länger als der eigentliche Aufenthalt dort.

Kürzeste Zeit am Brutplatz

NAME **Sichelstrandläufer** *Calidris ferruginea*
VORKOMMEN russische Tundra
BESONDERHEIT macht im Brutgebiet nur eine Stippvisite

Auf den ersten Blick erkennen wir, dass diese Aufnahme einen bunten Vogel zeigt, der mit weit ausgebreiteten Flügeln auf seinem Nest hockt. Aber stellen Sie sich vor, Sie seien ein kleines Tier, das in einem dämmrigen Wald über einen Zweig läuft, wenn plötzlich vor Ihnen ein Wesen auftaucht, das nach seinen enormen, weit auseinander stehenden Augen zu urteilen, riesengroß sein muss. Erschreckt würden Sie wahrscheinlich Ihre Beine in die Hand nehmen und in die entgegengesetzte Richtung davonhuschen.

Genau diese Reaktion möchte die Sonnenralle natürlich mit ihrer spektakulären Verteidigungsstrategie erreichen. Gerade noch ist der Vogel ein sich langsam bewegender, tarnfarbener Bewohner von Uferzonen, der nur schwer zu entdecken ist, im nächsten Moment scheinbar ein Ungeheuer, das kaum zu übersehen ist! Diese frontale Drohhaltung *(frontal display)* wird vom Vogel eine Minute oder länger aufrechterhalten, wobei er sich manchmal von einer zur anderen Seite dreht, um den Effekt noch eindrucksvoller zu gestalten.

Aber funktioniert dieser Trick denn tatsächlich? Auf jeden Fall, wenn man Beobachtungen glaubt und nach der Bedeutung dieser Haltung für die Vögel selbst urteilt. Sonnenrallen können mit ihrer Drohstellung nachweislich Vögel wie Ibisse und Milane abschrecken, die viel größer sind als sie selbst. Wie effizient dieses Verhalten ist, zeigt sich jedoch am deutlichsten darin, dass Sonnenrallen zu den wenigen Vogelarten gehören, die kein Jugendkleid (Jugendgefieder) entwickeln. Der Vogel mausert sich von einem flauschigen Küken direkt in das Federkostüm der Altvögel und kann also von frühester Jugend an sein Drohritual einsetzen.

Eindrucksvollste Drohhaltung

NAME **Sonnenralle** *Eurypyga helias*
VORKOMMEN Südamerika
BESONDERHEIT breitet ihre Flügel aus, um Feinde abzuschrecken

Bester Karaokesänger

NAME **Meerstrandläufer** *Calidris maritima*
VORKOMMEN Tundra von Eurasien und Nordamerika
BESONDERHEIT gibt vor, ein Nagetier zu sein

Dieser Meerstrandläufer hockt auf seinem Nest in der Tundra; dabei verschmilzt sein Gefieder mit der Vegetation rund um ihn herum. Der Vogel setzt auf seine Tarnung, die ihn und seine Eier schützt, in der Hoffnung, dass Raubfeinde vorbeiziehen, ohne ihn wahrzunehmen.

Wenn es jedoch zum Schlimmsten kommt und ein Polarfuchs oder ein anderer Fressfeind dem Nest zu nahe kommt, hat der Meerstrandläufer einen Plan B: Er versucht, die Aufmerksamkeit des Räubers von der verletzlichen Brut abzulenken. Die verschiedenen Tricks, die Watvögel in solchen Situationen anwenden, sind wohlbekannt. Einige geben zum Beispiel vor, sie hätten einen gebrochenen Flügel und locken den Räuber, der sich Hoffnung auf leichte Beute macht, vom Nest fort. Andere versuchen, den Räuber durch lautes Gekreisch zu verwirren, während noch andere Scheinangriffe durchführen oder den Feind tatsächlich attackieren.

Die Strategie des Meerstrandläufers ist raffinierter. Meerstrandläufer und andere Watvögel teilen ihren Lebensraum, die Tundra, mit zahlreichen Kleinsäugern, vor allem Wühlmäusen und Lemmingen, die die Grundnahrung der meisten arktischen Räuber ausmachen. Und so gibt der Meerstrandläufer einfach vor, ein kleines Nagetier zu sein. Wenn er einen Polarfuchs davon überzeugen kann, dass sich ein Nager in der Nähe aufhält, kann er den Fuchs vom Nest weglocken.

Taucht plötzlich ein Polarfuchs auf und stößt fast schon auf das Nest, plustert der Meerstrandläufer sein Gefieder wie einen Pelz auf, läuft wie ein überraschter Kleinsäuger im Zickzackkurs vom Nest weg und quiekt im Karaoke-Stil wie ein kleiner Nager. Der schwarze Streifen, der über seinen weißen Bürzel läuft, soll vermutlich den schwarzen Streifen auf dem Rücken eines Lemmings imitieren, was die Täuschung verstärkt.

Falls diese List funktioniert, hat der Fuchs das Nachsehen, wenn sich der vermeintliche Lemming plötzlich in die Luft erhebt, denn das Nest mit den Eiern des Meerstrandläufers, das der Fuchs irgendwo in der Nachbarschaft vermutet hatte, liegt inzwischen ein ganzes Stück weiter weg.

Faulster Fresser

NAME **Gänsegeier** *Gyps fulvus*
VORKOMMEN Eurasien
BESONDERHEIT steht spät auf und ist faul bei der Futtersuche

Dieser Gänsegeier hebt gerade vom Brutfelsen ab und macht sich auf die Suche nach einem Tierkadaver. Das ist einer der aktivsten Momente an diesem Tag, den Rest des Tages segelt der Vogel meistens hoch am Himmel oder gibt sich auf einem Felsband dem süßen Nichtstun hin.

Für unsere Begriffe haben Geierarten wie der Gänsegeier einen beneidenswert kurzen Arbeitstag. Sie verlassen ihren Horst frühestens zwei Stunden nach Tagesanbruch und kehren schon zwei bis drei Stunden vor Sonnenuntergang wieder heim. Bei schlechtem Wetter oder wenn sie sich am Vortag den Bauch voll geschlagen haben, verlassen sie ihren Horst überhaupt nicht. Noch besser – sie haben sogar eine gute Entschuldigung: Geier sind große, schwere Vögel, und wenn sie gezwungen sind, längere Zeit mit den Flügeln zu schlagen, ermüden sie leicht. Sie müssen daher Aufwinde (Thermik) nutzen, um ohne großen Energieaufwand in der Luft zu bleiben.

Die meisten Gänsegeier leben in gebirgigen Regionen, wo die Winde ständig nach oben abgelenkt werden und die großen Vögel so in der Luft halten. Geier, die in den afrikanischen Savannen heimisch sind, verlassen sich eher auf die Thermik. Thermische Strömungen bilden sich, wenn die Sonne den Boden erwärmt und damit indirekt auch die darüberliegenden Luftschichten. Diese warme Luft, die von kühlerer Luft umgeben ist, steigt dann wie eine große Blase auf, in der die wechselnden Luftströmungen zu Turbulenzen führen können. Der Auftrieb der aufsteigenden Luft reicht völlig aus, um einen breitflügeligen Geier hochzutragen. Wenn der Vogel die erforderliche Höhe erreicht hat, verlässt er die Thermik und gleitet langsam nach unten, bis er eine neue Thermik findet, um sich erneut emporzuschrauben. Daher sind die kurzen Arbeitstage der Geier von mühelosem Aufsteigen und Absinken mit den Luftströmungen erfüllt. Kein schlechtes Leben!

Beste Seifenoper

NAME **Weißstirnspint** *Merops bullockoides*
VORKOMMEN südliches Zentralafrika
BESONDERHEIT Gruppenleben

Warum sich eine Seifenoper im Fernsehen anschauen, wenn man doch einfach eine Kolonie von Weißstirnspinten besuchen kann? Das Zusammenleben dieser Vogelart weist alle Zutaten auf, um selbst einen eingefleischten Serienjunkie zu begeistern.

Jede Seifenoper wurzelt in Familienauseinandersetzungen, und die Beziehungen zwischen diesen Bienenfressern gelten als komplizierter als bei irgendeiner anderen Vogelart. Weißstirnspinte leben in abgegrenzten Kolonien mit bis zu 400 Individuen und nisten dicht an dicht in Brutröhren, die in Sandwände gegraben sind. Die Kolonien, die die größte soziale Gruppe dieser Vogelart darstellen, sind weitgehend selbstständig und haben kaum oder keinen Kontakt mit Artgenossen in anderen Kolonien. Jede Kolonie ist in mehrere Clans unterteilt; dabei handelt es sich um Gruppen von zwei bis drei großen Familien, deren Mitglieder sich ein gemeinsames Nahrungsrevier in einiger Entfernung von der Kolonie teilen. Die nächste soziale Einheit, die darunter folgt, ist die Großfamilie, die ein Paar, seine Jungen und einige Helfer umfasst, bei denen es sich gewöhnlich um männliche Nachkommen aus früheren Bruten handelt. Die kleinste Einheit ist das Brutpaar selbst.

Dass die Sozialstruktur derart klar abgegrenzt ist, macht das Zusammenleben aber nicht etwa friedlich oder stressfrei. Ganz im Gegenteil. Bei einer so engen Gemeinschaft ist sexuelle Untreue weit verbreitet. Während der Brutzeit muss jedes Männchen seine Weibchen sorgfältig bewachen, denn «Vergewaltigungen» sind nicht selten; ihre Häufigkeit liegt bei etwa zwanzig Prozent. Doch auch die verpaarten Männchen, die ihre Partnerinnen bewachen, gehen ihrerseits fremd; ebenso wildern junge Männchen, die eigentlich als Helfer fungieren sollten, in fremden Gefilden. Und was die Weibchen angeht, so legen sie ihre eigenen Eier gerne in die Nachbarnester, um die Mühen der Jungenaufzucht auf die Nachbarinnen abzuwälzen. In sechzehn Prozent aller Nester werden «Kuckuckskinder» aufgezogen.

Die meisten Seifenopern werden durch kriminelle Aktivitäten belebt, und auch jede Weißstirnspintkolonie hat ihre «faulen Eier». Beispielsweise stehlen manche Vögel anderen, die mit einem Schnabel voll Insekten zum Nest zurückkehren, ganz routiniert die Beute. So oder so gibt es keinen langweiligen Moment am Schauplatz dieser Seifenoper.

Der Blutschnabelweber ist wohl die Wildvogelart mit der größten Individuenzahl. Obgleich die Art nur in Subsahara-Afrika vorkommt, schlägt sie alle bekannteren Konkurrenten, wie den Haussperling *(Passer domesticus)*, um Längen. Der gesamte Bestand, der auf rund eine Milliarde Vögel geschätzt wird, ist in der Regel stark konzentriert; Millionen von Vögeln brüten gleichzeitig und gemeinsam. Daher halten Blutschnabelweber nicht nur den weltweiten Populationsrekord, sondern brüten zudem in Kolonien, die größer sind als bei allen anderen Vogelarten.

Es ist jedoch nicht so einfach, diese Zahlen genau zu ermitteln. Blutschnabelweberkolonien sind nicht so organisiert wie die Kolonien von Seevögeln; sie sind nicht großflächig angelegt, und die Vögel selbst sind kleiner und daher viel schwieriger zu zählen. Zudem bilden Blutschnabelweber zeitweilig große Ansammlungen, die plötzlich zusammenkommen und sich innerhalb von Wochen wieder auflösen, und diese sind leicht zu verfehlen.

Dennoch sind verlässliche Schätzungen beeindruckend genug. Man nimmt an, dass eine Kolonie von 200 Hektar (eine recht typische Größe) einige Zehnmillionen Nester umfasst. Und es gibt zweifellos noch größere Kolonien. In diesem Gebiet trägt ein kräftiger Baum an die 6000 Nester, die alle in ungefähr einer Woche emsiger Bautätigkeit angelegt werden. Stellen Sie sich nur vor, wie viele Nester sich in einem großen, reichlich mit Bäumen bestandenen Savannengebiet unterbringen lassen.

Derart viele Vögel auf so engem Raum brauchen natürlich eine Menge Futter und beuten alle lokalen Nahrungsquellen aus. Leider sind Blutschnabelweber Samenfresser, die von Zeit zu Zeit die nahe gelegenen Felder plündern und wie Heuschreckenschwärme über die Pflanzen herfallen. Zurück bleibt eine Mondlandschaft. Somit halten Blutschnabelweber einen weiteren Rekord: Sie sind, landwirtschaftlich gesehen, die schlimmsten Vogelschädlinge der Welt.

Größte Kolonie

NAME	**Blutschnabelweber** *Quelea quelea*
VORKOMMEN	Subsahara-Afrika
BESONDERHEIT	bildet riesige Kolonien

Ein Schwarm Rotschulterstärlinge zieht über die Feuchtgebiete im Wildtierreservat von Bosque del Apache in New Mexico. Einige Vögel sind achtzig Kilometer weit gewandert, um sich mit ihren Artgenossen an diesem riesigen Schlafplatz zu sammeln, wo Millionen von Rotschulterstärlingen zusammen mit Staren und anderen Stärlingen eine gigantische schwarze Wolke bilden, bevor sie jeden Winterabend in den dichten Schilfbeständen übernachten.

Der Rotschulterstärling ist einer der bekanntesten und häufigsten Vögel Nordamerikas; typisch ist das pechschwarze Männchen mit seinen scharlachroten und gelben Schultern. In den 1970er-Jahren wurde der Bestand auf 190 Millionen Vögel geschätzt. Rotschulterstärlinge sind außerordentlich soziale Tiere, die in Kolonien brüten und in Schwärmen auf Nahrungssuche ziehen, doch am eindrucksvollsten sind ihre Winterschlafplätze. An einem Schlafplatz im Great Dismal Swamp in Virginia beispielsweise nächtigen Schätzungen zufolge rund acht Millionen Rotschulterstärlinge und sieben Millionen andere Vögel, wie Stare und Purpurgrackeln *(Quiscalus quiscula)* – damit beherbergt dieser Standort wohl die weltweit größte Ansammlung an Vögeln außerhalb der Brutzeit.

In großen Schwärmen mit all dem Lärm, den Streitereien und der Unruhe zu schlafen, scheint uns nicht die ideale Nachtruhe; in der Tat ist die Funktion dieser riesigen Massenschlafplätze noch immer ein Rätsel. Die Vögel drängen sich nicht eng aneinander, um Körperkontakt zu suchen, und wie Mikroklimaanalysen zeigen, profitieren sie nicht von zusätzlicher Wärme. Die Vögel sind an diesen Schlafplätzen auch nicht besonders sicher: Zwar verringert die hohe Konzentration das Risiko des Einzelvogels, einem Räuber zum Opfer zu fallen, doch gerade diese hohe

Beutekonzentration lockt auch vermehrt Greifvögel an. Die plausibelste Erklärung: Solche Schlafplätze fungieren als Informationsbörsen. Vögel, die dort dicht an dicht nebeneinander hocken, können den Gesundheitszustand ihrer Artgenossen beurteilen. Wenn ein hungriger, schlecht genährter Vogel neben einem wohlgenährten, satten Artgenossen ruht, so wird er diesem am nächsten Tag zu seinen ergiebigen Nahrungsgründen folgen.

Größter Schlafplatz

NAME	**Rotschulterstärling** *Agelaius phoeniceus*
VORKOMMEN	Nordamerika
BESONDERHEIT	bilden riesige Ansammlungen am Schlafplatz

Bester Klopfer

NAME	**Carolinaspecht** *Melanerpes carolinus*
VORKOMMEN	östliches Nordamerika
BESONDERHEIT	Schnabel als Vielzweckinstrument

Der Schnabel eines Spechtes ist ein Vielzweckinstrument. Er kann zum kräftigen Hämmern wie auch zum vorsichtigen Zurechtmeißeln gebraucht werden, zum lautstarken Verkünden von Revieransprüchen am Morgen und zur Werbung am Nachmittag. Er versorgt seinen Besitzer mit allem, was zum Leben nötig ist: mit Nahrung, einem Ort zum Leben, einem Platz zum Schlafen und einem Mittel zur Kommunikation. Zusammen mit der hohen Intelligenz der Vögel macht der Schnabel Spechte in der Vogelwelt zu einem Erfolgsmodell.

Diese Art, der nordamerikanische Carolinaspecht, ist ein typischer Vertreter seiner Familie. Mit seinem Schnabel kann er Insekten direkt unter der Rinde aufstöbern; indem er seinen Schnabel wie eine Spitzhacke einsetzt, kann er sogar Tiere packen, die sich tief ins Holz einbohren und von anderen Vögeln nicht erreicht werden können. Viele Menschen wissen jedoch nicht, dass Spechtarten wie der Carolinaspecht ihren Schnabel häufig auch auf subtilere Weise einsetzen und damit die Rinde abklopfen, um darunterliegende Hohlräume mit schmackhafter Beute zu finden.

Das ganze Jahr hindurch hämmern und klopfen Spechte, um Nist- und Schlafhöhlen zu zimmern. Der Bau einer einzigen Höhle kann bis zu drei Wochen in Anspruch nehmen, doch der Schutz, den eine Spechthöhle bietet, macht diese Wohngelegenheiten sehr begehrt – nicht nur bei Spechten, sondern auch bei etlichen anderen Höhlenbrütern. Das Hämmern und Klopfen dient auch dazu, die eigene Anwesenheit kundzutun und einen Geschlechtspartner anzulocken. Das sogenannte Trommeln ist nicht, wie viele meinen, das Geräusch, das beim Ausmeißeln einer Höhle entsteht, sondern wird dadurch hervorgerufen, dass der Specht mit seinem Schnabel gegen ein Holz mit großer Resonanz schlägt, um seine Anwesenheit akustisch zu signalisieren.

Bester Trommler

NAME **Arakakadu** *Probosciger aterrimus*
VORKOMMEN nördliches Australien und Neuguinea
BESONDERHEIT benutzt einen Stock als Trommelschlägel

Die eindrucksvolle, wuschelige Federkrone des Arakakadus verleiht dem Vogel ein charakteristisches Aussehen, das bei ein wenig Fantasie durchaus an den wilden Haarschopf eines Drummers in einer Rockband erinnert. Tatsächlich ist der Arakakadu, auch Palmkakadu genannt, der Schlagzeuger der Vogelwelt, die einzige Art, die ein Musikinstrument herstellt und damit Töne erzeugt. Ziel der Performance ist es, ein Weibchen zu beeindrucken.

Wenn Sie einen Arakakadu beim Trommeln erleben wollen, müssen Sie sich vorzugsweise im Juni und im Juli am frühen Morgen oder am späten Nachmittag ins tropische Nordost-Australien oder nach Neuguinea bemühen. Dann fliegt der Vogel 10 bis 15 Meter hoch in die Krone eines abgestorbenen Baumes und sucht einen fast senkrecht stehenden hohlen Sitzast. Das ist der Klangkörper, auf dem der Vogel aufspielen wird.

Zwar benutzt der Kakadu manchmal seine Füße, um den hohlen Stamm zum Klingen zu bringen oder klopft mit einer großen harten Samenkapsel den Takt, doch für gewöhnlich dient ihm ein Stock als Trommelschlägel, weil dies am wirkungsvollsten ist. Während das Fußklopfen recht leise ist, kann man das Dröhnen des schlagenden Stocks noch in hundert Meter Entfernung hören. Zu diesem Zweck beißt der Arakakadu einen zwei bis drei Zentimeter dicken Ast ab, entfernt Blätter und Rinde und kürzt ihn auf eine Länge von höchstens dreißig Zentimeter ein. Dann transportiert er den Stock zum Trommelbaum, ergreift das Holzstück mit dem Fuß und beginnt, auf den Sitzast einzuschlagen – je nach Laune nur ein paar Mal oder auch mehr als hundert Mal.

Dieses Schlagzeugkonzert ist in der Vogelwelt einmalig. Spechte und andere Vögel hämmern mit ihrem Schnabel oder erzeugen mit ihrem Gefieder raschelnde Geräusche. Aber keine andere Vogelart verwendet ein so komplexes Werkzeug, um ihre Botschaft zu übermitteln.

Informativster Gesang

NAME **Mönchsgrasmücke** *Sylvia atricapilla*
VORKOMMEN Eurasien
BESONDERHEIT bettet kodierte Botschaften in ihre Gesänge ein

Dieses Mönchsgrasmückenmännchen sitzt auf einem Busch in seinem Revier und singt aus vollem Halse. Die melodischen flötenden Strophen sind Vogelfreunden in Europa wohlbekannt; sie übermitteln anderen Mönchsgrasmücken eine vertraute Botschaft – «halt' dich fern» für andere Männchen und «hier bin ich» für die Weibchen – im Grunde ist dies bei fast allen Vogelgesängen der Fall. Aber das ist nur ein Teil der Geschichte, die dieses Mönchsgrasmückenmännchen vorträgt. Wie eingehende aktuelle Untersuchungen gezeigt haben, übermitteln die Gesänge der Mönchsgrasmückenmännchen dem Zuhörer überraschend detaillierte und nützliche Informationen.

In dieser Studie stellte sich heraus, dass die Gesangshäufigkeit bei männlichen Mönchsgrasmücken eine zutreffende Beschreibung ihres Territoriums liefert. Denn Männchen, die sehr viel singen, leben gewöhnlich in Revieren mit dichterer Vegetation als weniger aktive Sänger. Dichter Pflanzenwuchs verbirgt das Nest besser vor Fressfeinden als offene Vegetation; daher haben die Jungen dort bessere Überlebenschancen. Wenn ein Weibchen daher die Gesangshäufigkeit des Männchens registriert und feststellt, dass sie im Bereich von 160 bis 180 Gesängen pro Stunde liegt, kann das Weibchen einen sicheren Brutplatz und eine sicherere Zukunft für seinen Nachwuchs erwarten.

Viele Mönchsgrasmückenmännchen singen jedoch nur 80 bis 100 Mal pro Stunde. Ihre Reviere bieten weniger gut versteckte Nistmöglichkeiten, was die Attraktivität dieser Männchen für das andere Geschlecht verringert. Aber diese weniger ausdauernden Sänger kompensieren ihren Nachteil damit, dass sie sich als Väter mehr Mühe geben – sie unterstützen das Weibchen emsiger beim Brüten und schaffen auch mehr Futter für die Jungen heran.

Längste Fußwanderung

NAME **Emu** *Dromaius novaehollandiae*
VORKOMMEN Australien
BESONDERHEIT legt weite Strecken zu Fuß zurück

Der Emu ist mit einer Scheitelhöhe von 1,5 bis 1,9 Meter der zweitgrößte Vogel der Welt und etwa so groß wie ein Mensch. Wie der größte heute lebende Vogel, der Strauß, kann der Emu nicht fliegen und legt alle Wege zu Fuß zurück. Normalerweise bewegt er sich gemächlichen Schrittes, doch wenn er es eilig hat, kann er recht schnell werden und nachweislich eine Spitzengeschwindigkeiten von 48 Kilometer pro Stunde erreichen.

In Australien, der Heimat des Emus, sind Regenfälle oft unvorhersehbar und treten mosaikartig verteilt auf. Wie viele andere dort heimische Vogelarten hat der Emu daher im Lauf seiner Evolution eine nomadische Lebensweise entwickelt: Es zieht ihn mal hierhin, mal dorthin. Das bedeutet, dass Populationen für gewöhnlich keinen festgelegten Wanderrouten folgen. Vielmehr streifen sie auf der Suche nach Nahrung umher, ziehen aber schließlich stets weiter. Gelegentlich können diese Wanderungen beträchtliche Ausmaße annehmen. So wurden Vögel beobachtet, die 14 Kilometer pro Tag wanderten und in neun Monaten 540 Kilometer zurücklegten. Das ist höchstwahrscheinlich die längste Fußwanderung in der Vogelwelt, denn die anderen großen flugunfähigen Vögel sind viel standorttreuer.

Wie Studien gezeigt haben, sammeln sich Emus in Regionen, wo es kürzlich geregnet hat. Offenbar orientieren sich die Vögel dabei auch an den Wolkenformen, um kommende Regenfälle auszumachen. Wirbelstürme locken Emus aus größerer Entfernung an als einfache Gewitter, weil die Wolkenbänke, die für Zyklone typisch sind, größer sind und höher liegen.

Nicht alle Emuwanderungen folgen jedoch dem Zufallsprinzip. In Westaustralien ziehen die Emus im Winter allgemein nach Südwesten und im Sommer nach Nordosten und folgen damit dem Regenfall; zweifellos lassen sich ähnliche Muster auch anderenorts finden.

Längster Umweg

NAME **Steinschmätzer** *Oenanthe oenanthe*
VORKOMMEN Eurasien, Nordamerika und Afrika
BESONDERHEIT Winterquartier ist unnötig weit entfernt

Dieses junge Steinschmätzermännchen scheint zu verharren und sich seinen weiteren Reiseweg zu überlegen. Viele Steinschmätzer brüten in Alaska und haben eine weite Reise vor sich – rund 15 000 Kilometer um die halbe Welt –, wenn sie sich in ihr Winterquartier nach Afrika begeben. Auf dieser Wanderung passieren sie Länder, in denen sie vermutlich alles Nötige für eine Überwinterung fänden, aber sie ignorieren diese Möglichkeit.

Steinschmätzer erleichtern sich das Leben auch nicht dadurch, dass sie nach Südosten fliegen, wo sie nach einer Flugstrecke von nur 5000 Kilometer in Mexiko oder andernorts zweifellos ein geeignetes Klima und einen passenden Lebensraum für die Überwinterung fänden. Sie halten sich an ihre Tradition und weigern sich hartnäckig, ihre Wanderroute zu ändern.

Doch auch auf der anderen Seite des nordamerikanischen Kontinents, in der ostkanadischen Tundra, brüten Steinschmätzer, die ebenfalls in Afrika überwintern. Ihre Reise ist nicht ganz so lang wie diejenige der alaskischen Steinschmätzer, doch sie müssen zwischen Afrika und Grönland immerhin eine Strecke von mehreren Tausend Kilometern übers offene Meer zurücklegen. Genau im Süden ihrer Brutgebiete gibt es auf dem südamerikanischen Kontinent einige einladende Länder, die ideal für eine Überwinterung erscheinen. Sie wären viel näher, aber die Steinschmätzer lassen auch sie links liegen.

Natürlich ignorieren sie die vernünftigere Option, in der Neuen Welt zu überwintern, nicht bewusst. Sie sind nur einfach nicht darauf programmiert, diese Option zu nutzen. Das Verhalten dieser Art scheint ein Paradebeispiel dafür zu sein, wie Vogelzugrouten durch die letzte Vereisung beeinflusst wurden. Während der letzten Eiszeit waren die Steinschmätzer höchstwahrscheinlich gezwungen, in Gebieten zu brüten, die in guter Reichweite von Afrika lagen. Als sich die Eisdecke schließlich zurückzog, kolonisierten die Vögel allmählich die neuen eisfreien Regionen und breiteten sich nach Westen und Osten ebenso wie nach Norden aus. So schob sich ihre longitudinale Verbreitungsgrenze immer weiter vor, doch die Vögel zogen zum Überwintern weiterhin nach Afrika.

Heute legen Steinschmätzer zwischen Brut- und Winterquartier völlig überzogene Entfernungen zurück, doch die Art folgt weiterhin dem genetisch vorprogrammierten Kurs, obwohl es kürzere Wege gäbe.

Kürzeste Wanderung

NAME **Kiefernhäher** *Nucifraga columbiana*
VORKOMMEN Gebirgsregionen im westlichen Nordamerika
BESONDERHEIT unternimmt nur sehr kurze saisonale Wanderungen

Wenn man an den Vogelzug denkt, dann für gewöhnlich an weite Reisen, die Vögel nach Norden, Süden, Westen oder Osten führen. Es gibt jedoch eine ganze Reihe von Arten, für die Langstrecken keine Rolle spielen – es ist die Höhenlage, die zählt.

Ein Beispiel ist der Kiefernhäher im Westen Nordamerikas, der in der Regel zwischen 1800 und 2500 Meter Höhe brütet, oft in Wäldern am oberen Rand der Baumgrenze. Diese besonders robuste Art kann bereits sehr zeitig im Frühjahr mit der Brut beginnen, wenn der Boden noch tief verschneit ist. Kiefernhäher verbringen jedoch den Winter nicht unbedingt in diesen Höhenlagen; manchmal ziehen sie im Herbst ein paar Hundert Meter bergabwärts. Dort ist es im Winter etwas milder, und das kann für die Überlebenschance der Vögel einen entscheidenden Unterschied machen.

Ist das eine Wanderung? Auf jeden Fall. Dass man sie in Metern statt in Kilometern messen kann, ändert nichts an ihrer Wirksamkeit. Auf der ganzen Welt erzielen Vögel mit einer kurzen vertikalen Wanderung in tiefere Lagen denselben Effekt wie mit mehreren Hundert Kilometern Langstreckenzug. Am Fuß eines Gebirges ist das Klima häufig völlig anders als im Gipfelbereich.

Eine der Kuriositäten von vertikalen Wanderungen ist, dass einige Höhenwanderer im Herbst, wenn die meisten Vögel der nördlichen Hemisphäre nach Süden ziehen, nach Norden wandern. Der Bergpieper *(Anthus spinoletta)* ist ein gutes Beispiel; er brütet in den Gebirgsregionen von Mitteleuropa und überwintert vorwiegend an den europäischen Küsten nördlich der Alpen.

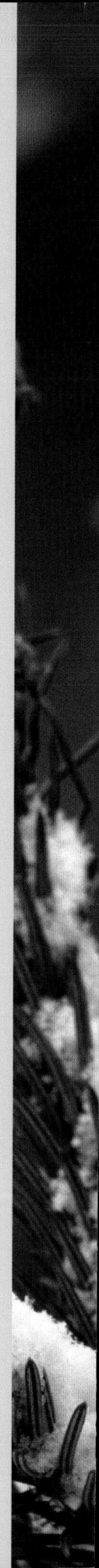

Diese Winternachtschwalbe sitzt in einem Wüstengebiet in Arizona bewegungslos zwischen Felsblöcken; ihre hervorragende Tarnung lässt sie optisch mit ihrer Umgebung verschmelzen. Für eine Winternachtschwalbe ist eine gute Tarnung überlebenswichtig. Diese Art aus der Familie der Nachtschwalben ist berühmt für ihre Fähigkeit zu überwintern; während der langen Winterperiode verharrt sie bewegungslos und ist daher vollständig schutzlos. Winternachtschwalben sind die einzigen Vögel, die den ganzen Winter «verschlafen».

Wissenschaftlich gesehen halten Winternachtschwalben keinen Winterschlaf, dieser würde chemische Veränderungen im Körper voraussetzen. Sie verfallen lediglich in einen Starrezustand (Torpor), sodass ihre Stoffwechselaktivität stark gedrosselt wird und sie Energie sparen. Winternachtschwalben nutzen diesen Trick in stärkerem Maße als irgendeine andere Vogelart und dies zudem über einen viel längeren Zeitraum. Von vielen Vogelarten, darunter anderen Nachtschwalben, ist bekannt, dass sie über Nacht oder für ein bis zwei Tage in einen Starrezustand verfallen, doch nur Winternachtschwalben können diesen Zustand bis zu hundert Tage lang durchhalten. Dadurch können sie die Winterkälte überstehen, die ihre Nahrung – nachtaktive Insekten – fast bis auf Null zurückgehen lässt.

In diesem Torpor sind verschiedene Körperfunktionen der Winternachtschwalbe gedrosselt, darunter Herzrate und Atemfrequenz, und gleichzeitig sinkt die Körpertemperatur. Dieser Temperatursturz kann spektakuläre Formen annehmen, von einer Normaltemperatur von vierzig Grad Celsius auf ungewöhnliche fünf Grad Celsius – letzteres ist die bei Weitem niedrigste Körpertemperatur, die je bei einer Vogelart gemessen wurde. Obgleich wissenschaftlich erst seit Kurzem belegt, sind die Schlafgewohnheiten der Winternachtschwalbe den amerikanischen Ureinwohnern seit Generationen bekannt. Sie bezeichneten diesen Vogel als «Schlafmütze».

Längster Schlaf

NAME	**Winternachtschwalbe** *Phalaenoptilus nuttallii*
VORKOMMEN	Wüstengebiete in Nordamerika
BESONDERHEIT	verfällt wochenlang in einen Starrezustand

Eifrigster Ameisenfolger

NAME **Halsband-Ameisenvogel**
Phaenostictus mcleannani
VORKOMMEN von Honduras bis Ecuador
BESONDERHEIT folgt Ameisenkolonnen

Dieser Halsband-Ameisenvogel gehört zu einer großen Familie von rund 200 Arten vorwiegend brauner, Schatten liebender Vögel, die im Unterwuchs von süd- und zentralamerikanischen Wäldern heimisch sind. Bei einem Namen wie «Ameisenvogel» denkt man gleich an Ameisen als Nahrungsquelle. Aber das ist falsch. Die Familie trägt ihren Namen, weil sie Ameisen folgt, und nicht, weil sie Ameisen frisst.

Ameisen spielen in der Ökologie tropischer Wälder eine große Rolle, nicht zuletzt die verschiedenen Arten der Treiberameisen (auch Wander- oder Heeresameisen genannt), die über den Waldboden ziehen und alles Lebendige fressen, das ihnen über den Weg läuft. Diese Treiberameisenkolonnen sind ein fester Faktor im Wald; jede einzelne Armee durchstreift tagsüber ein bestimmtes Gebiet und biwakiert in der Nacht dort, wo sie sich gerade befindet. Da man sich sicher sein kann, dass sich in jedem Waldgebiet stets irgendwo in der Nachbarschaft Treiberameisenkolonnen aufhalten, haben sich einige Vogelarten darauf spezialisiert, ihnen zu folgen und die vielen Insekten zu erbeuten, die vor den anrückenden Horden fliehen. Durch die Annäherung der Ameisen aufgeschreckt, sind diese Insekten leicht zu fangen.

Daher sucht sich der Halsband-Ameisenvogel jeden Morgen eine Ameisenkolonne, wobei er die Trupps der besonders aggressiven Tropischen Armeeameise *(Eciton burchelli)* bevorzugt. Zu diesem Zweck überprüft der Vogel Biwakplätze und kürzlich benutzte Ameisenpfade oder horcht auf die Rufe anderer Ameisenfolger. Hat er eine Armee lokalisiert, folgt er ihr den ganzen Tag hindurch, während Grillen, Schaben und selbst so wehrhafte Beute wie Spinnen und Skorpione um ihr Leben rennen. Nur selten, wenn überhaupt, jagt er auf andere Weise. Mit so viel Nahrung, die ihm praktisch frei Haus serviert wird, besteht dazu auch kein Anlass.

Familien

Kürzeste Balz · Bestes Speed-Dating · Kostspieligste Scheidung · Raffiniertester Bigamist · Lockerste Einstellung zum Brutgeschäft · Durchsetzungsfähigstes Weibchen · Unermüdlichste Eltern · Am härtesten schuftendes Männchen · Häufigster Inzest · Größter Chauvinist · Wärmstes Nest · Komfortabelstes Nest · Größtes Gelege · Die meisten Eier pro Brutzeit · Weitläufigste Großfamilie · Sicherster Nistplatz · Unsicherster Nistplatz · Gerechteste Fütterung der Nestlinge · Frechstes Küken · Entbehrlichste Küken · Wehrhafteste Küken · Größte Kinderstube · Mutigstes Küken Größter Spätentwickler · Schlimmste Geschwisterrivalität · Eifrigste Feministin · Bester Wasserträger · Argwöhnischster Partner · Seltsamste Werbung · Raffiniertester Fehlalarm · Übelster Kidnapper · Schlimmster Eiervandalismus · Heftigste Verteidigung des Nestes · Schmutzigste Verteidigung des Nestes

Bei der Balz des Rosapelikans bleibt offenbar wenig Zeit für eine langwierige Entscheidungsfindung. Obgleich diese Vögel eigentlich eine recht lange Brutzeit haben, also genug Zeit hätten, um ihre Angelegenheiten in Ruhe zu regeln, läuft alles mit fast unziemlicher Hast ab. Man kann ohne Übertreibung sagen, dass ein Rosapelikan morgens völlig ungebunden und frei aufwachen und sich am selben Tag abends frisch verpaart und mit einem hübsch dekorierten Nistplatz zur Ruhe betten kann. Kein anderer Vogel bindet sich so rasch.

In Wahrheit ist es so, dass das Werbeverhalten von Pelikanen noch kaum aufgeklärt ist. Bekannt ist lediglich, dass sich die Männchen zunächst in Gruppen sammeln und laute, muhende Geräusche ausstoßen, wobei sie zwischendurch ihren Schnabel gen Himmel recken und sich mit anderen Männchen planlose Fechtkämpfe liefern. Das erregt die Aufmerksamkeit unverpaarter Weibchen, die dann an der Gruppe der Männchen vorbeiwandern, was diese dazu veranlasst, den Weibchen zu folgen, fast wie bei einer Polonaise. Nach weiterem Rufen und Schnabelrecken nimmt die Zahl der Männchen, die einem bestimmten Weibchen folgen, allmählich ab, bis schließlich nur noch ein einziges übrig bleibt. Dieses Beharrungsvermögen reicht erstaunlicherweise aus, um dem Männchen eine Partnerin zu sichern; damit ist der Paarfindungsprozess offenbar abgeschlossen.

Als ob das Paar seinen Erfolg öffentlich verkünden wollte, führt es daraufhin eine Balz auf. Beide Vögel stolzieren umher und breiten alle paar Schritte ihre Flügel aus, während das Männchen mit seinem Kehlsack wackelt. Anschließend ändern sich die Dinge wiederum rasch. Fast auf der Stelle schließen sich beide Vögel einem Teil der Kolonie an, der als Legegruppe bezeichnet wird. Dann wählen sie einen Nistplatz; ihr Status als Brutpaar gibt ihnen das Recht, dieses Stückchen Boden so lange wie nötig zu beanspruchen. Das mag zwar ein wenig unromantisch erscheint, doch die Beziehung dauert ohnehin nicht lange. Das Paar bleibt nur für einen einzigen Brutversuch beisammen; ein paar Monate später suchen sich beide Vögel neue Partner.

Kürzeste Balz

NAME	**Rosapelikan** *Pelecanus onocrotalus*
VORKOMMEN	Afrika und Eurasien
BESONDERHEIT	kurze, nicht besonders romantische Balz

Diese Helmperlhühner finden vielleicht Zeit, ihren Durst zu löschen, aber während ihrer hektischen Brutzeit scheint alles, was sie tun, unter starkem Zeitdruck zu stehen. Infolgedessen kann es passieren, dass vor allem die Männchen am Ende der Brutzeit völlig erschöpft sind und innerhalb weniger Wochen bis zu elf Prozent ihres Körpergewichts verlieren.

Alles beginnt, wenn die Trupps der Nichtbrüter zerfallen, weil der Hormonspiegel steigt und die Männchen beginnen, aggressiv auf einander zu reagieren. Manchmal entlädt sich die Spannung in einem direkten Kampf, aber häufiger kommt es zu aggressiven Verfolgungsjagden. Ein männliches Perlhuhn nähert sich einem anderen und sträubt dabei sein Rückengefieder. Das provoziert das andere Männchen, ihm hinterherzujagen, als sei das erste Männchen gekommen und habe eine Beleidigung geäußert. Das Seltsame dabei ist, dass das gekränkte Männchen gar nicht die Absicht hat, den Provokateur zu fangen; es jagt ihm nur immer weiter hinterher. Diese Verfolgungsjagden sind ansteckend und nach einigen Augenblicke schließen sich weitere Männchen an; so kann es dazu kommen, dass bis zu acht Männchen minutenlang hintereinander herrennen, wobei es niemals einen Gewinner gibt.

Diese Jagden werden unterdessen von den Weibchen genau beobachtet, vermutlich, weil sie ihnen etwas über die Ausdauer und das Durchhaltevermögen der Männchen sagen. Nicht lange und das weibliche Interesse löst einen anderen Anfall hektischer Aktivität aus, die an den seltsamen menschlichen Brauch des Speed-Dating erinnert. Über mehrere Wochen hinweg gehen Männchen und Weibchen eine Reihe von kurzfristigen Beziehungen ein und bilden Paare, die ebenso unbeständig und unberechenbar sind wie in der Menschenwelt auch. Doch schließlich kommt es zu dauerhafteren Paarbindungen, und die Perlhühner beginnen zu brüten – das heißt, wenn die erschöpften Männchen noch genug Energie dazu haben.

Bestes Speed-Dating

NAME **Helmperlhuhn** *Numida meleagris*
VORKOMMEN Afrika
BESONDERHEIT geht in rascher Folge kurzfristige Beziehungen ein

Kostspieligste Scheidung

NAME	**Galapagosalbatros** *Phoebastria irrorata*
VORKOMMEN	Galapagosinseln
BESONDERHEIT	geht langfristige Paarbindungen ein und zahlt bei deren Scheitern einen hohen Preis

Alle langfristigen Beziehungen durchlaufen Höhen und Tiefen. Das gilt für Menschen und in mancher Hinsicht auch für Vögel. Aktuelle Untersuchungen an Albatrossen haben beispielsweise gezeigt, dass es schlimme Folgen haben kann, wenn die Dinge in einer Beziehung schlecht laufen; das gilt besonders für das Fortpflanzungspotenzial der beiden Partner.

Albatrosse sind für ihre Treue bekannt. Eine «Scheidung» ist in dieser Vogelfamilie so gut wie unbekannt; in einer Kolonie Wanderalbatrosse *(Diomedea exulans)* trennten sich Beobachtungen zufolge nur 0,3 Prozent aller Paare. Diese geringe Trennungsrate lässt sich teilweise damit erklären, dass unverpaarte Vögel zunächst sehr wählerisch sind. Junge Vögel, die sich zum ersten Mal treffen, übereilen nichts, sondern verbringen mindestens eine Saison in der Kolonie, bevor sie im folgenden Jahr ihren ersten Brutversuch starten. Albatrosse sind langlebige Vögel, daher wollen sie, menschlich gesprochen, nicht in Eile heiraten, um dann in Weile zu bereuen.

Dennoch kommt es hin und wieder zu «Scheidungen». Eine solche Scheidung erfolgt offenbar aus nur einem einzigen Grund: einer Reihe vergeblicher Brutversuche. Solche Misserfolge könnten auf einen Mangel an Kompatibilität oder auf Unfruchtbarkeit eines Partners hindeuten, und in solchen Situationen ist eine Trennung der einzige Weg, um die Jahre ohne Nachwuchs wettzumachen. Dennoch ist es ein Schritt, der gut überlegt sein will. Ein Vogel, der sich von seinem Partner trennt, kann nicht erwarten, im nächsten Jahr zu brüten; in diesem Jahr muss er ausdauernd um einen neuen Partner werben. Bei einigen Albatrosarten kann eine Scheidung ein Individuum, auf dessen Lebenszeit umgerechnet, zehn bis zwanzig Prozent seines Fortpflanzungspotenzials kosten.

Raffiniertester Bigamist

NAME **Trauerschnäpper** *Ficedula hypoleuca*
VORKOMMEN Europa, wandert ins tropische Afrika
BESONDERHEIT tanzt auf zwei Hochzeiten

Dieses Trauerschnäppermännchen schickt sich an, seine Brut mit Raupen zu füttern. Auf den ersten Blick sieht das nicht anders aus als bei jedem anderen hart arbeitenden Elternvogel. Dieser Trauerschnäpper hat jedoch ein Geheimnis. Im Frühjahr treffen die Männchen ein bis zwei Wochen vor den Weibchen im Brutgebiet ein und richten ein Revier ein, das sie durch Singen verteidigen. Wenn alles gut geht, lockt das Männchen ein Weibchen an und die Brut beginnt. Das Weibchen legt vier bis sieben Eier und bebrütet sie, wie bei Kleinvögel üblich, allein. Das dauert etwa 13 bis 15 Tage. Sobald die Küken geschlüpft sind, teilen sich beide Eltern das Füttern der Nestjungen.

Eine kleine, aber hartnäckige Minderheit von männlichen Trauerschnäppern hält sich jedoch nicht an dieses klare Muster, sondern zeigt sich weniger treu. Diese Männchen nutzen die rund zweiwöchige Zeitspanne, während der ihre Partnerin auf den Eiern sitzt, um Beziehungen mit einem anderen Weibchen aufzunehmen. Wenn die Brut des ersten Weibchens gerade schlüpft, hat das Männchen eine zweite Runde Nachwuchs gezeugt, den er nun vollständig im Stich lässt, sodass die Zweitfrau diese Brut allein durchbringen muss.

Bigamie ist bei vielen Vogelarten nicht selten, aber beim Trauerschnäpper ist sehr ungewöhnlich, wie geschickt er seine Erstfrau täuscht. Bei den meisten Arten, bei denen Bigamie auftritt, ist sie ein offenes Geheimnis, denn beide Weibchen teilen sich ein einziges Revier, und jedes Weibchen weiß, dass es eine Rivalin hat. Beim Trauerschnäpper ist es jedoch so, dass das Männchen zwei Reviere besetzt, die bis zu zwei Kilometer auseinander liegen können, beispielsweise in einem anderen Teil des Waldes. Daher kommt es vor, dass beide Weibchen nichts von der Existenz des jeweils anderen ahnen.

Diese beiden Schneesturmvögel scheinen sich zu zanken, sie halten sich jedoch zumindest in ihrem Brutgebiet auf. Das ist nicht immer der Fall bei einer Vogelart, die mehr als andere die Neigung zeigt, sich eine Auszeit zu nehmen. Für die meisten Landvögel wäre es undenkbar, sich ein «Sabbatical» vom Brüten zu gönnen, aber bei Seevögeln ist es weniger ungewöhnlich. Die meisten Albatros-, Sturmtaucher- und Sturmvogelarten tun so etwas gelegentlich, und einige Paare suchen die Brutkolonie nicht einmal auf, wenn sie nicht fit genug sind oder wenn es nicht genug Nahrung gibt, um einen Brutversuch lohnend erscheinen zu lassen. Bei Schneesturmvögeln sind die Nahrungsressourcen stark von der Menge des Meereises abhängig; statistisch gesehen brütet jedes Individuum im Lauf seines Lebens nur etwa in jeder zweiten Brutzeit.

Dieser gemächliche Fahrplan ist weit entfernt von dem, was wir vom hektischen Brutgeschäft der Kleinvögel in gemäßigten Regionen kennen. Viele Vögel, wie Spatzen, Meisen oder Finken, haben eine Lebenserwartung von nur einigen Jahren, daher packen sie so viel Reproduktionsleistung in ihr kurzes Leben wie möglich. Dagegen kann ein Schneesturmvogel, bei dem die Erwachsenensterblichkeit pro Jahr nur sieben Prozent beträgt, mit einer Lebensspanne von mindestens zwanzig Jahren rechnen.

Zudem brauchen Schneesturmvögel sehr lange, bis sie geschlechtsreif werden. Auch wenn einige Vögel zu Lernzwecken bereits mit drei Jahren Brutkolonien besuchen, warten die meisten Individuen, bis sie neun Jahre alt sind, bevor sie tatsächlich brüten. Das sieht vielleicht verschwenderisch oder gar müßig aus, aber alles ist eine Frage des Fortpflanzungspotenzials, das sich über ein ganzes Leben erstreckt.

Lockerste Einstellung zum Brutgeschäft

NAME **Schneesturmvogel** *Pagodroma nivea*
VORKOMMEN antarktische und subantarktische Gewässer
BESONDERHEIT nimmt sich ein Jahr Urlaub vom Brutgeschäft

Durchsetzungs-fähigstes Weibchen

NAME **Rotkardinal** *Cardinalis cardinalis*
VORKOMMEN Nordamerika
BESONDERHEIT Weibchen gibt dem Männchen per Gesang Anweisungen

Verglichen mit dem farbenprächtigen Männchen, das grellrot gefärbt ist, ist der weibliche Rotkardinal recht unauffällig. Aber dennoch sieht es so aus, als habe «sie» die Hosen an.

Bei kleinen Singvögeln ist es sehr ungewöhnlich, dass ein Weibchen singt. Doch Rotkardinale bilden hier eine Ausnahme. Die Weibchen singen nicht so häufig wie die Männchen, aber ihre Gesänge sind mindestens so variationsreich, wenn nicht variationsreicher als die der Männchen, und zudem lernen sie ihre Gesänge rascher. Wenn ein männlicher Rotkardinal singt, ist das Weibchen mühelos in der Lage, seinen Gesang perfekt zu imitieren.

Um ihre Reviergrenzen intakt zu halten, singen die Rotkardinalmännchen in der Brutzeit häufig. Diese Sangesfreude zieht sich bis weit ins Nestlingsstadium, wenn das Männchen gleichzeitig damit beschäftigt ist, Futter für die Jungen zu suchen. Etwa um diesen Zeitpunkt herum hat es den Anschein, als würde das Weibchen dem Männchen bei zahlreichen Gelegenheiten «ins Wort fallen».

Wie sorgfältige Untersuchungen gezeigt haben, kann es zu einem fein abgestimmten Duett zwischen Männchen und Weibchen kommen, das offenbar dazu dient, dem Männchen zu sagen, wann es mit Futter zum gut versteckten Nest kommen soll. Normalerweise lässt das Weibchen das Männchen einfach singen, doch gelegentlich fügt es einige eigene Strophen ein. Wenn diese Strophen zu denen des Männchens passen, passiert nicht viel, doch wenn das Weibchen eine nicht passende Strophe singt, kommt das Männchen höchstwahrscheinlich mit Futter zum Nest. Wie es aussieht, ist die nicht passende Strophe das Signal für das Männchen, herbeizukommen und die Jungen zu füttern. Wenn das Weibchen ruft, ist das Männchen sofort zur Stelle.

Diese Blaumeise füttert eines ihrer Nestjungen mit einer Raupe. Das ist ein Schnappschuss eines Einzelereignisses im Lauf eines sehr langen Tages, der einen von mehr als 500 Nestbesuchen dieses Elternvogels zwischen Sonnenaufgang und Sonnenuntergang zeigt. Der andere Elternvogel hält es genauso, was Blaumeisen zu den wohl unermüdlichsten Eltern in der ganzen Vogelwelt macht. Während der intensivsten Fütterungsperiode, wenn die Jungen etwa neun Tage alt sind, füttern die Eltern jeden Jungvogel pro Tag durchschnittlich mit 97 Raupen. Ein Blaumeisenpaar in England schaffte an einem besonders geschäftigen Tag im Mai sogar 1083 Nestbesuche.

Warum müssen Blaumeiseneltern derart hart arbeiten? Dafür gibt es drei Hauptgründe. Erstens sind die Spätfrühlingstage auf der Nordhalbkugel sehr lang, was den Eltern viel Zeit zur Futtersuche lässt. Zweitens legen Blaumeisen ihre Brutzeit so, dass sie in eine Periode fällt, in der der Tisch für diese Insektenfresser besonders reichlich gedeckt ist. Das ermöglicht ihnen eine einzige Brut mit einem großen Gelege statt mehrere Bruten mit kleineren Gelegen. Und der dritte Grund ist die Art ihrer Nahrung.

Man könnte erwarten, dass ein Altvogel auf Nahrungssuche mehr als ein einziges Beutetier fängt, aber eine Blaumeise bringt immer nur eine einzige Raupe zurück zum Nest. Der Grund dafür ist, dass Raupen die Blaumeisennestlinge beißen und verletzen können, daher machen die Eltern den Kiefer der Raupe unschädlich und entfernen alle giftigen Haare. Aufgrund dieser Vorbereitungen können die fürsorglichen Elternvögel pro Anflug nur eine einzige Raupe zum Nest bringen.

Unermüdlichste Eltern

NAME	**Blaumeise** *Cyanistes caeruleus*
VORKOMMEN	Europa und westliches Asien
BESONDERHEIT	besuchen ihr Nest 1000 Mal pro Tag

Am härtesten schuftendes Männchen

NAME	**Kornweihe** *Circus cyaneus*
VORKOMMEN	auf der Nordhalbkugel weit verbreitet
BESONDERHEIT	muss gleichzeitig mehrere Partnerinnen und Junge versorgen

Ein Kornweihemännchen fliegt mit frisch geschlagener Beute vorbei. Es ist Brutzeit, und dieses Männchen wird seine Beute gleich bei seiner Partnerin am Horst abliefern. Wie viele andere Greifvögel befolgen brütende Weihen im Sommer ein striktes Verhaltensreglement; dann versorgt das Männchen das brütende Weibchen und füttert auch später die Jungen am Nest.

Das ist eine anstrengende Aufgabe. Schon vor der Eiablage füttert das Männchen das Weibchen in gewissen Abständen, meist ein paar Mal pro Tag. Der harte Teil der Nahrungsbeschaffung beginnt für das Männchen dann, wenn das Weibchen auf den Eiern sitzt. Die Eier müssen rund einen Monat lang bebrütet werden, und häufig verlässt das Weibchen den Horst in dieser Zeit gar nicht. Noch anstrengender wird es für das Männchen, wenn die Jungen schlüpfen. Meist umfasst ein Gelege vier bis sechs Eier und in der ersten Zeit muss das Männchen die Küken allein versorgen, das heißt, es muss pro Tag mindestens sechs größere Beutetiere zum Nest bringen. Erst eine Woche später beginnt das Weibchen, ebenfalls zu jagen, aber es kehrt häufig zum Nest zurück und hudert die Jungen bei schlechtem Wetter, sodass die Nahrungsversorgung auch weiterhin hauptsächlich auf dem Männchen lastet.

Wenn Ihnen das schon als Schwerstarbeit vorkommt, sollten Sie berücksichtigen, dass einige Männchen polygam sind und gleichzeitig zwei oder drei Nester zu versorgen haben. Theoretisch müsste ein Männchen für sich selbst, vier Weibchen und 24 Jungvögel sorgen. In der Praxis geschieht so etwas jedoch nicht. Es kommt zu Brutverlusten, und die Männchen haben Favoritinnen: Einige Horste werden gut versorgt, andere hingegen schlecht, weshalb die betroffenen Weibchen gezwungen sind, die Jungen früher zu verlassen und nach Nahrung zu suchen.

Häufigster Inzest

NAME **Purpurhuhn** *Porphyrio porphyrio*
VORKOMMEN Neuseeland
BESONDERHEIT häufige interfamiliäre Paarung

Wenn man auf engstem Raum zusammenlebt, kann dies die Beziehungen zueinander belasten. Diesen Schluss kann man aus einer Untersuchung ziehen, in der es um eine isoliert lebende Population des Purpurhuhns geht, einer Art, die in einem großen Teil der Alten Welt und in Australasien verbreitet ist. Im größten Teil seines ausgedehnten Verbreitungsgebietes bildet das Purpurhuhn monogame Paare und führt ein konventionelles Familienleben. In Neuseeland, wo der Mangel an Habitaten den Lebensraum einschränkt, der jedem Vogel zur Verfügung steht, ist die Lage ganz anders. Ohne Ausweichmöglichkeiten sind die Pukekos, wie die dortige Unterart genannt wird, gezwungen, in Gruppen zu leben, die entweder stabil sind und sich rund um Familien konzentrieren, oder unstabil, gewalttätig und unproduktiv.

Besonders interessant ist die Situation innerhalb der Familiengruppen. Diese Gruppen bestehen aus ein bis zwei Weibchen, bis zu sieben Männchen und einer Reihe nicht brütender Helfer, dem Nachwuchs aus vorangegangenen Jahren. Innerhalb dieser Konstellation paart sich offenbar jeder erwachsene Vogel mit jedem – und zwar mit wirklich jedem – anderen Altvogel. Regelmäßig kommt es zu homosexuellen Paarungen, die bei Vögeln im Allgemeinen selten sind. Noch häufiger kommt es zu Inzest. Da praktisch alle Vögel miteinander verwandt sind, ist das wahrscheinlich unvermeidlich. Zumindest beteiligen sich jedoch alle Gruppenmitglieder, auch die Nichtbrüter, an der Aufzucht der Jungen im Gemeinschaftsnest.

In den Nicht-Familiengruppen wird Kooperation durch Konkurrenz ersetzt. Die Männchen bewachen ihre Partnerinnen streng und versuchen, Rivalen fernzuhalten, was ihnen jedoch nicht immer gelingt. Der Paarungsakt wird ständig unterbrochen, eine erfolgreiche Brut ist eine Seltenheit. So oder so keine ideale Situation.

Auf den ersten Blick sieht es so aus, als halte dieser männliche Helmhornvogel einen Futterbrocken im Schnabel, um ihn gleich zu verschlingen. Wenn man genauer hinschaut, entdeckt man jedoch am äußersten Bildrand unter seinem Fuß ein Loch im Baum. In dieser Höhle hockt seine Partnerin auf den Eiern und wartet darauf, gefüttert zu werden.

Doch hier handelt es sich nicht um eine normale Fütterung. Das Weibchen ist nämlich in der Bruthöhle eingeschlossen und kann sie nicht verlassen. Vor ein paar Wochen ist es in eine entsprechend große Höhle eingezogen und hat sich darin eingerichtet. Dann wurde das Eingangsloch peu à peu mit Exkrementen und Lehm zugemauert, bis als Kontakt mit der Außenwelt nur noch ein schmaler senkrechter Spalt blieb, durch den das Weibchen seine Kloake entleeren und hinausschauen kann. Das Weibchen ist nicht in der Lage, sich Futter zu suchen und ist, was seine Ernährung angeht, nun vollständig von den Gaben des Männchens abhängig.

Auf den ersten Blick wirkt dies wie ein Fall von Freiheitsberaubung, wie männlicher Chauvinismus der schlimmsten Sorte. Tatsächlich handelt es sich jedoch um eine Sicherheitsmaßnahme für das Weibchen und das gemeinsame Gelege, bis die Jungen geschlüpft und flügge sind. Als große Vögel sind Hornvögel in allen geeigneten Baumhöhlen den Angriffen von Schlangen, Affen, Mardern und anderen kletternden Räubern ausgesetzt. Ein Eingang, der zu einem schmalen Schlitz verengt ist, hält die meisten derartigen Eindringlinge fern.

Daher hilft das Weibchen aktiv bei seiner Einkerkerung mit, indem es das Loch von innen zumauert, wobei es seinen Schnabel als Maurerkelle benutzt. Zudem ist dieses Arrangement auch für das Männchen eine anstrengende Sache, denn es ist viele Wochen lang der Alleinversorger der Familie. In Wahrheit ist der scheinbare Chauvinist ein echter Gentleman.

Größter Chauvinist

NAME	**Helmhornvogel** *Aceros cassidix*
VORKOMMEN	Sulawesi, Indonesien
BESONDERHEIT	«kerkert» das Weibchen in der Bruthöhle ein

Wärmstes Nest

NAME **Eiderente** *Somateria mollissima*
VORKOMMEN zirkumpolare nördliche Küsten
BESONDERHEIT baut ein extrem gut isoliertes Nest

Die Vogeleier auf diesem Bild genießen ein Maß an Fürsorge, das in der Vogelwelt fast einzigartig ist. Dafür gibt es zwei Gründe. Zum einen werden sie von einem Weibchen mit außerordentlich gutem «Sitzfleisch» bebrütet. Die Eiderente hockt 25 bis 28 Tage auf ihren Eiern und verlässt das Nest nur selten; sie nimmt während dieser Zeit kaum Nahrung zu sich. Wenn sich Fressfeinde nähern, lässt sie ihr Gelege erst dann im Stich, wenn alles verloren scheint. Ansonsten verhält sie sich passiv und verlässt sich auf ihre gute Tarnung, was sie weitgehend vor Entdeckung schützt.

Zum anderen liegen diese Eier auf den feinsten und weichsten Daunen («Dunen») der Welt. Zu behaupten, diese Eier seien in Luxus gebettet, würde wohl die Härten des Lebens an diesen eisigen nördlichen Küsten verkennen, doch die Daunen, die sich die Eiderente aus ihrem Brustgefieder zupft, um ihr Nest zu isolieren, werden vom Menschen als höchst wertvolle Naturprodukte geschätzt. Gegenwärtig kostet eine Bettdecke, die vollständig mit Eiderdaunen gefüllt ist, rund 7000 Euro. Island exportiert noch immer 2500 Kilogramm Daunen pro Jahr; sie stammen von Eiderenten, die an der Küste auf dem Land von Kleinbauern nisten, wo die Vögel sorgfältig vor Fressfeinden geschützt werden.

Eiderdaunen sind das beste Isoliermaterial, das wir kennen; sie sind den Daunen sämtlicher Federwild- oder anderen Vogelarten sowie allen synthetischen Materialien überlegen. Offenbar besitzen die Eiderdaunenflocken einen ungewöhnlich dichten «Kern», wo die zarten «Daunenbeinchen» verzahnt ineinandergreifen und Luft einschließen. Die Qualität der Daunen wird in «Füllkraft» gemessen – das Volumen in Kubikzoll (cuin), das von einer Unze (28 Gramm) Daunen gefüllt wird. Bei Eiderdaunen kann dies bis zu 700 Kubikzoll betragen. Eine einzige Unze enthält rund zwei Millionen flauschiger Daunenbeinchen, was die Eiderdaune zu der weichsten, leichtesten und wärmsten Daune überhaupt macht.

Dieses Goldzeisigweibchen schafft gerade Futter für seine Jungen heran. Im Gegensatz zu vielen anderen Kleinvögeln füttert diese Art ihre Jungen nicht mit saftigen Raupen, Würmern oder anderen weichen Wirbellosen, sondern mit angedauten Samen, die die Vögel wieder hochwürgen. Nur sehr wenige Singvögel ernähren ihre Jungen mit einer so «schweren Kost». Das Familienleben des Goldzeisigs weist noch zahlreiche weitere Besonderheiten auf. Für einen Singvogel der gemäßigten Breiten beginnt die Art zum Beispiel erst sehr spät im Jahr zu brüten. Die meisten Goldzeisige beginnen nicht vor Mitte Juli mit der Jungenaufzucht. Dafür gibt es mehrere mögliche Gründe. Goldzeisige mausern im Frühjahr, und Federwechsel, Nestbau und Eiablage könnten die Altvögel einfach überfordern. Vermutlich warten die Vögel aber auch auf die Distelblüte Mitte des Sommers, denn Distelsamen gehören zu ihrer bevorzugten Nahrung. Wie dem auch sei, viele Goldzeisige legen sogar noch im August ihre Eier, sodass die Jungen erst im Oktober flügge werden.

Ebenfalls bemerkenswert ist das Nest selbst; es wird vorwiegend vom Weibchen gebaut, wenn das Männchen auch gelegentlich Nistmaterial beisteuert. Das behagliche Nest ist napfförmig und besteht aus verschiedenen Pflanzenfasern, die mit Spinnweben und Samenwolle, vor allem Distelwolle, sehr dicht verwoben werden. Dieses Nest wird in der Astgabel eines Baumes in rund zehn Meter Höhe angelegt und ist so perfekt konstruiert, dass es später, wenn die Jungen das Nest verlassen haben, Wasser ebenso gut hält wie ein von Menschenhand gefertigtes Gefäß.

Komfortabelstes Nest

NAME **Goldzeisig** *Carduelis tristis*
VORKOMMEN Nordamerika
BESONDERHEIT baut ein gemütliches, wasserdichtes Nest

Größtes Gelege

NAME **Strauß** *Struthio camelus*
VORKOMMEN Subsahara-Afrika
BESONDERHEIT beeindruckende und variable Gelegegröße

Das Nest, um das sich dieser Strauß kümmert, enthält nicht wenige Eier, ist aber weit von einer Rekordmarke für diese Spezies entfernt. Einige Straußennester enthalten 20 bis 25 Eier, und der Weltrekord liegt gar bei erstaunlichen 78 Stück! Ganz schön viel junge Strauße! Aber nicht das gesamte Gelege stammt von einem einzigen Vogel. Die meisten Nester beherbergen die Eier von mindestens zwei bis fünf Weibchen; der Rekord liegt bei 18 Weibchen, die ihre Eier in ein einziges Nest legten. Man könnte daher von Gemeinschaftsnestern sprechen, aber die Vogel-Strauß-Politik ist nicht so egalitär, wie es vielleicht den Anschein hat. Nicht alle Eier sind gleichwertig.

Jedes Straußennest wird von einem territorialen Hahn und einer Henne, der «Haupthenne», bewacht. Dieser Status fällt dem Weibchen zu, das als erstes ein Ei ins noch leere Nest legt. Im Verlauf von rund zwei Wochen legt die Haupthenne acht Eier ins selbe Nest; unterdessen können andere Hennen ebenfalls Eier hineinlegen. Diese später gekommenen Hennen werden als «Nebenhennen» bezeichnet; sie paaren sich promisk mit anderen lokalen Hähnen und tragen nicht zum Bebrüten der Eier bei, legen ihre Eier jedoch in verschiedene Nester.

Das wirft die Frage auf, warum Hahn und Haupthenne fremde Eier in ihrem Nest dulden, wenn sie keine Hilfe erhalten und genetisch nichts zu diesen Eiern beigetragen haben. Offenbar dienen diese zusätzlichen Eier als Puffer gegen Fressfeinde. Wenn ein Eierräuber zuschlägt, senkt schon die hohe Zahl der Eier das Risiko, dass es die Eier der Haupthenne trifft. Zudem erkennt die Haupthenne für gewöhnlich ihre eigenen Eier und sorgt dafür, dass sie im Zentrum des Gelegen liegen, wo sie ausreichend bebrütet werden. Die Eier der Nebenhennen werden hingegen so angeordnet, dass sie den Außenkreis bilden. Viele werden nicht bebrütet, einige aber schon – so ist sichergestellt, dass auch die Nebenhennen einen gewissen Vorteil aus dem Arrangement ziehen.

Die meisten Eier pro Brutzeit

NAME **Braunkopf-Kuhstärling** *Molothrus ater*
VORKOMMEN Nordamerika
BESONDERHEIT legt mehr Eier als alle anderen Wildvögel

Die häusliche Szene auf diesem Foto erscheint idyllisch, doch der Schein trügt. Wenn man genau hinschaut, erkennt man, dass einer der Nestlinge einen gelben Rachen hat, während der Rachen der anderen rosa gefärbt ist. Das liegt daran, dass das Küken mit dem gelben Rachen nicht von der am Nest hockenden Walddrossel *(Hylocichla mustelina)* stammt, sondern «Kuckuckskind» ist. Während der Legephase hat sich ein weiblicher Braunkopf-Kuhstärling eingeschlichen und ein eigenes Ei ins Nest gelegt, wobei er eines der Wirtseier zerstört hat. Nun zieht die Walddrossel unfreiwillig zusammen mit ihren eigenen Jungen einen Kuhstärling auf.

Dieses Szenario spielt sich jedes Jahr während jeder Brutzeit in zahllosen Nestern Nordamerikas ab. Der Braunkopf-Kuhstärling ist ein unspezifischer Brutparasit, das heißt, er legt seine Eier in die Nester vieler verschiedener Vogelarten, nicht nur in Walddrosselnester. Tatsächlich weiß man inzwischen, dass der Braunkopf-Kuhstärlings mehr als 220 Vogelarten parasitiert; von diesen Arten haben 144 aus den ihnen untergeschobenen Eiern erfolgreich Braunkopf-Kuhstärlinge aufgezogen. Da die Walddrossel eine größere Art als der Braunkopf-Kuhstärling ist, hat sie in gewisser Weise Glück. Wenn ein Kuhstärling sein Ei in das Nest einer kleineren Art legt, schnappt sein Küken später den Jungen seiner Wirtsart aggressiv die Nahrung weg, sodass diese verhungern.

Ein weiteres auffälliges Merkmal des Braunkopf-Kuhstärlings ist die große Fruchtbarkeit des Weibchens. Da so viele potenzielle Wirte zur Verfügung stehen, legt es einfach so lange wie möglich Eier. In freier Wildbahn ist es nicht ungewöhnlich, dass das Weibchen pro Brutzeit vierzig Eier legt, bei Käfighaltung sind schon 77 Eier gezählt worden. (Zum Vergleich: Der Kuckuck, *Cuculus canorus*, legt nur zwanzig Eier.) Die Kehrseite der Medaille ist, dass es bei zahlreichen Wirtsarten zu großen Verlusten an Eiern und Nestlingen kommt.

Weitläufigste Großfamilie

NAME **Weißstirn-Schwatzvogel** *Manorina melanocephala*
VORKOMMEN östliches Australien
BESONDERHEIT bis zu 22 Vögel füttern die Jungvögel in einem Nest

Weltweit wird wohl kaum ein Jungvogel mit so viel Aufmerksamkeit bedacht wie die Nestlinge des Weißstirn-Schwatzvogels, einer der häufigsten und auffälligsten Vogelarten im östlichen Australien. Die Jungen werden bis zu fünfzig Mal pro Stunde gefüttert – das ist eine der höchsten Fütterungsraten, die bei Vögeln bekannt ist.

Dabei handelt es sich in vieler Hinsicht um eine Gemeinschaftsleistung. So konnten in einem Fall bei einer einzigen Brut in der Nestlingsphase 22 Altvögel gezählt werden, die Futter in die geöffneten Schnäbel stopften; bei anderen Gelegenheiten schwankte die Zahl der Altvögel zwischen 6 und 21 – all dies für ein Gelege von durchschnittlich zwei bis vier Eiern. Diese Jungvögel werden geradezu königlich behandelt.

Die außerordentliche Aufmerksamkeit, die die erwachsenen Mitglieder dieser ausgedehnten «Familie» dem Nachwuchs schenken, geht teilweise darauf zurück, dass der Weißstirn-Schwatzvogel eine kooperativ brütende, koloniebildende Art ist. Wenn das Weibchen ein Nest baut, was etwa eine Woche dauert, dann tut es dies durch sein Verhalten deutlich kund, sodass alle Männchen im Gebiet wissen, was vor sich geht und wann die Jungen voraussichtlich schlüpfen. Warum all diese Männchen dem Weibchen helfen sollten, ist jedoch bisher unklar. Obgleich sich die Vögel promisk verhalten, werden die meisten Gelege von einem einzigen Männchen befruchtet.

Weißstirn-Schwatzvögel weisen eine erstaunlich komplexe Sozialstruktur auf. Männchen leben in ihren speziellen «Aktionsräumen», die sich oft mit denjenigen anderer Männchen überlappen. Vögel mit überlappenden Aktionsräumen bilden dauerhafte Gemeinschaften, die als «Cliquen» *(coteries)* bezeichnet werden und gewöhnlich 10 bis 25 Vögel umfassen.

Cliquen bilden weitläufige «Kolonien», die aus vielen Hundert Vögeln bestehen, und manchmal teilen sich die Cliquen in kurzlebige Gruppen auf, die als «Koalitionen» bezeichnet werden. Es sind allgemein die Männchen einer Clique, die gemeinsam ein Nest als Helfer unterstützen – so könnte sich teilweise erklären, warum sich so viele Vögel zu dieser nützlichen, wenn auch seltsamen Fütterungsaktivität veranlasst sehen.

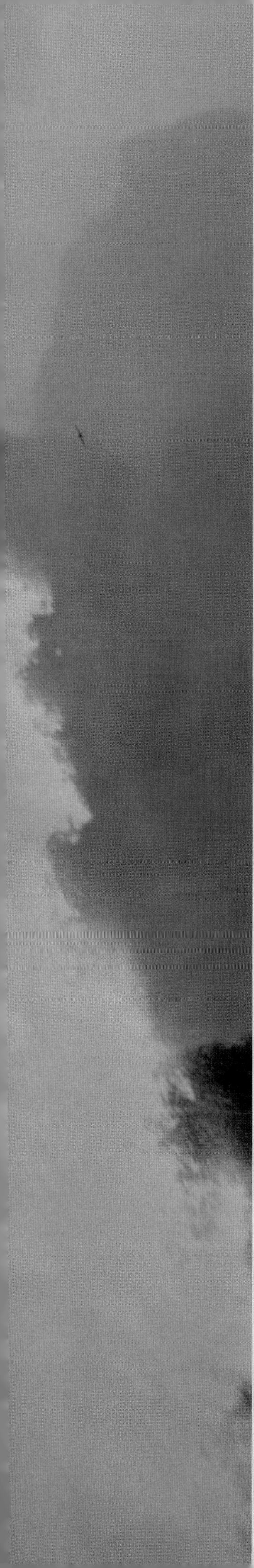

Sicherster Nistort

NAME **Rußsegler** *Cypseloides senex*
VORKOMMEN zentrales Südamerika
BESONDERHEIT nisten hinter einem Wasserfall

Direkt unter der Kante der donnernd niederstürzenden Iguazu-Wasserfälle an der Grenze zwischen Argentinien und Brasilien riskieren vier Rußsegler anscheinend ihr Leben. Wenn sie kaum eine Handbreit an den tosenden Wassermassen vorbeisausen, kann die kleinste Fehleinschätzung in ihrer Flugbahn dazu führen, dass sie in Kontakt mit den fallenden Wassermassen kommen und in den sicheren Tod gerissen werden.

Aber die Vögel gehen dieses alltägliche Risiko ein, denn für sie überwiegen die Vorteile des Lebens in der Nähe der Wasserfälle die Nachteile bei Weitem. Paradoxerweise suchen die Rußsegler in dieser extremen Umwelt Schutz. Da sie ihre Nester direkt neben oder sogar hinter der Wasserwand anlegen, sind ihre Eier und Jungen optimal geschützt. Kein Fressfeind wird freiwillig versuchen, an den steilen, feuchten Felsen, die ständig im Sprühnebel baden, hinunterzuklettern, um die schmalen Vorsprünge zu erreichen, auf denen die Rußsegler nisten. Und selbst wenn es ein Räuber versuchen sollte, würden sich die niederstürzenden Wassermassen sicherlich als undurchdringliche Barriere erweisen.

Das Leben in einer solch extremen Umgebung bringt natürlich auch einige Nachteile mit sich. Der andauernde Sprühregen führt dazu, dass das Gefieder der Altvögel beim Brüten oder Hudern ständig feucht wird. Die Jungen sind durch eine dicke Dunenschicht vor Auskühlung geschützt. Abgesehen von den Gefahren, die dieser Nistplatz mit sich bringt, haben die vorwiegend an den Luftraum gebundenen Segler alles, was sie brauchen. Üppiger Pflanzenwuchs an den nahe gelegenen Felsen liefert Nistmaterial, und der nächste Wald, wo es Insekten in Hülle und Fülle gibt, ist auch nicht weit entfernt.

Wenn Sie dieses Foto anschauen, fragen Sie sich wahrscheinlich, was das Ei auf dem Ast zu suchen hat. Weit und breit ist kein Nest in Sicht – nur ein Ei, das auf einem Ast balanciert, während ein elfenhaft zarter, weißer Seevogel sinnend darauf blickt. Irgendetwas kann da doch nicht stimmen.

Aber alles ist in Ordnung. Obwohl es wirklich unwahrscheinlich aussieht, liegt das Ei dort, wo es vom Vogel gelegt und auch ganz bewusst platziert wurde. Sie blicken direkt auf den Nistplatz einer Feenseeschwalbe, wohl der unsicherste Nistplatz in der ganzen Vogelwelt. Schon beim leichtesten Stoß würde das Ei abstürzen und auf den Sandboden fallen, wo es dann zerschellen würde. Aber die Feenseeschwalbe riskiert diesen Balanceakt aus Sicherheitsgründen, um ihr Ei vor bodenlebenden Räubern zu schützen.

Bemerkenswerterweise liegt dieser Nistplatz für eine Feenseeschwalbe in relativ geringer Höhe. In der Regel findet man die Eier im Kronendach der Bäume, gewöhnlich in rund zehn Meter Höhe, manchmal sogar Schwindel erregende zwanzig Meter über dem Boden. Der hier abgebildete Ast ist zugegebenermaßen besonders schmal. Die meisten Eier balancieren gewöhnlich auf waagerechten Ästen, die mindestens 10 bis 13 Zentimeter breit sind, doch es sind auch schon «Brutäste» gefunden worden, die nicht mehr als acht Zentimeter maßen.

Feenseeschwalben überlassen nicht alles dem Zufall. Für gewöhnlich scharren sie mit ihren Füßen etwas Rinde vom Ast, um dem Ei eine sichere Liegefläche zu verschaffen, und sie suchen sich zur Eiablage auch natürliche Astmulden. Bei der Brutablösung nähern sich die Altvögel dem Ei zudem vorsichtig von hinten und lassen sich beim Verlassen des Nistplatzes rückwärts fallen. Aber selbst dann führen Unfälle und starke Windböen zu einem hohen Brutverlust.

Die Altvögel bebrüten das Ei 28 bis 32 Tage lang; dann schlüpft das Junge. Das Küken trägt scharfe Krallen und kann sich weitaus besser auf dem Ast halten als ein Ei, aber die sechzig Tage, bis zum Flüggewerden der jungen Feenseeschwalbe muss für alle Beteiligten dennoch eine nervenaufreibende Zeit sein.

Unsicherster Nistplatz

NAME	**Feenseeschwalbe** *Gygis alba*
VORKOMMEN	tropische Inseln
BESONDERHEIT	legt sein Ei auf einen schmalen Ast

Gerechteste Fütterung der Nestlinge

NAME **Eisvogel** *Alcedo atthis*
VORKOMMEN in weiten Bereichen der Alten Welt
BESONDERHEIT gibt jedem Küken eine faire Chance auf Futter

Ein Eisvogel kümmert sich um seine Jungen. Diese Szene in der Bruthöhle des Eisvogels wirkt zwar auf den ersten Blick nicht ungewöhnlich, aber was hier vor sich geht, ist außerordentlich. Die meisten Elternvögel achten nicht instinktiv auf das Wohlergehen jedes einzelnen Kükens. Die «schlechtesten» Eltern versorgen bevorzugt nur das erstgeschlüpfte Küken, sodass später geschlüpfte Geschwister häufig verhungern; bei der Mehrzahl der Nester ist es jedoch so, dass der Nestling, der am stärksten bettelt, jedes Mal den Löwenanteil erhält. Unter Nestgeschwistern gibt es in der Regel einen rücksichtslosen Konkurrenzkampf.

Anders beim Eisvogel. In der Brutkammer herrscht eine sehr seltene Form von Fairness. Während der ersten beiden Wochen stehen die frisch geschlüpften Eisvögel buchstäblich Schlange, wenn's ums Füttern geht. Sie bilden, Rücken an Rücken liegend, einen Kreis, und nur eines der Küken orientiert sich zum Licht, das vom Eingang in die Brutkammer fällt. Wenn ein Altvogel mit einem Fisch im Schnabel ankommt, bettelt nur dieses Küken um Nahrung und wird als einziges gefüttert. Die übrigen verhalten sich passiv. Sobald ein Küken gefüttert worden ist, gibt es den Weg frei und das nächste Küken nimmt seinen Platz ein.

Dieses bemerkenswerte Arrangement, das man als «Karussellsystem» bezeichnen könnte, stellt sicher, dass jedes Küken regelmäßig gefüttert wird. Und wenn ein Küken zu schummeln versucht, bekommt es «Klassenkeile» oder wird in die Brutkammer zurückgedrängt.

Frechstes Küken

NAME **Silbermöwe** *Larus argentatus*
VORKOMMEN Eurasien
BESONDERHEIT verlässt schlechte Eltern

In der Vogelwelt gibt es zahllose Geschichten über Jungvögel, denen das Glück nicht hold ist. Mal werden sie von ihren Eltern verlassen, mal getötet oder dem Hungertod preisgegeben, ermordet von ihren Geschwistern, mal von Fressfeinden verschlungen oder sie ertrinken. Zur Abwechslung soll an dieser Stelle von einem Küken berichtet werden, das bereit ist, ungeachtet der rundum lauernden Gefahren seinen eigenen Weg zu gehen.

Das nebenstehende Foto zeigt ein frisch geschlüpftes Silbermöwenküken. Dieses Küken gehört zu den sogenannten Semi-Nestflüchtern (auch als Semi-Nesthocker bezeichnet): Es ist mit Dunen bedeckt, die Augen sind offen und es kann auf seinen Beinen stehen und laufen. Obwohl es also mobil ist, versorgt das Küken sich nicht selbst und zeigt keinerlei Neigung, die Grenzen des elterlichen Reviers zu überschreiten. Denn das käme in einer Möwenkolonie einem Selbstmord nahe. Die Nachbarpaare würden es nicht schätzen, wenn fremde Küken durch ihr Revier laufen, und würden diese unter Umständen heftig attackieren.

Früher oder später kommt immer ein Elternvogel mit Futter zum Nistplatz zurück und würgt dieses vor dem Küken aus. Von dieser Versorgung hängt das Leben dieses niedlichen, flauschigen Federballs ab.

Aber ist das Küken wirklich so hilflos, wie es aussieht? Offenbar nicht immer. Silbermöwen sind für ihre Dreistigkeit bekannt, und die setzt sehr früh ein. Ob Sie es glauben oder nicht, einige Küken registrieren von Anfang an die Futtermenge, die ihre Eltern heranschaffen, und kommen zu dem Schluss, dass sie nicht angemessen versorgt werden. Dann folgern sie instinktiv, dass sie wohl nicht lange überleben werden, wenn sie bei ihren Eltern bleiben, und kehren ihnen konsequent den Rücken.

Das ist eine außerordentlich riskante Entscheidung. Denn die Silbermöwenjungen müssen sich ins Nachbarrevier wagen und dabei hoffen, nicht entdeckt oder als Teil der Nestgeschwister akzeptiert zu werden. Zweifellos haben einige Pech und werden verstoßen oder getötet, aber bei anderen funktioniert die Strategie.

Der Goldscheiteltaucher bewohnt Seen auf den Hochebenen im Süden Südamerikas; er wurde erst 1974 entdeckt. In vieler Hinsicht erscheint es unglaublich, dass er überhaupt überlebt hat, so langsam und sporadisch ist seine Fortpflanzung.

Das Problem des Goldscheiteltauchers ist, dass zwischen den Erfordernissen des Brütens und der Nahrungssuche ein Konflikt besteht. Der Vogel baut sein Nest ausschließlich auf den großen, schwimmenden Teppichen des Tausendblatts *(Myriophyllum)*, einer Wasserpflanze, die in der Mitte des Sees in sicherer Entfernung vom Ufer wächst. Aber da die Goldscheiteltaucher ihre Nahrung tauchend erbeuten, ist es sehr schwierig für sie, zwischen den dichten Wasserpflanzenbeständen nach Futter zu suchen. Ihre Jagd beschränkt sich daher auf einen relativ schmalen offenen Gewässerbereich zwischen den Schwimmpflanzen und dem Ufer.

Erschwert wird die Lage der Vögel dadurch, dass diese Seen keine nahrhaften Fische beherbergen, sondern nur kleine Krebstiere, wie Flohkrebse, sowie ein paar größere Schneckenarten. Um genug Nahrung zu finden, müssen die adulten Goldscheiteltaucher außerordentlich hart arbeiten, und während der Tageslichtstunden unternehmen sie immer wieder lange, bis zu zehn Meter tiefe Tauchgänge. Unter diesen Bedingungen ziehen Goldscheiteltaucher pro Brut immer nur ein einziges Junges auf, und beide Elternvögel konzentrieren sich auf diesen Nachwuchs. Tatsächlich legt das Weibchen zwei Eier, aus denen auch zwei Küken schlüpfen können, aber das jüngere Küken ist nur eine «Versicherung» für den Fall, dass das ältere nicht lebensfähig ist, und verhungert.

Es kann sogar passieren, dass die Altvögel den Vorrat an großen Schnecken erschöpfen, bevor die Küken schlüpfen oder flügge sind. In diesem Fall verlassen sie das Gelege oder selbst ihr überlebendes Küken und suchen einen anderen See mit einem besseren Nahrungsangebot auf. So überleben wenigstens die Altvögel und können im darauffolgenden Jahr auf Neue einen Brutversuch starten.

Entbehrlichste Küken

NAME **Goldscheiteltaucher** *Podiceps gallardoi*
VORKOMMEN Argentinien und Chile
BESONDERHEIT lässt unbequem gewordene Küken sterben

Wehrhafteste Küken

NAME **Wiedehopf** *Upupa epops*
VORKOMMEN Eurasien
BESONDERHEIT Nestlinge halten sich Fressfeinde mit verschiedenen Strategien vom Leib

Wenn dieser Wiedehopf mit Futter zum Nest zurückkehrt, kann er sich ziemlich sicher sein, seine Brut dort unversehrt vorzufinden. Viele Altvögel müssen aber feststellen, dass ihr Nest in ihrer Abwesenheit von einem Nesträuber geplündert wurde. Doch junge Wiedehopfe sind alles andere als hilflos, sondern beweisen angesichts von Gefahren einen ungewöhnlichen Einfallsreichtum. Sie können potenziellen Fressfeinden so viele Probleme bereiten wie der junge Kevin im Film «Kevin allein zu Haus'».

Die erste Verteidigungsstrategie der Nestlinge ist olfaktorischer Natur, und das funktioniert häufig, denn die meisten potenziellen Nesträuber sind Säuger mit einer empfindlichen Nase. Bereits vier Tage nach dem Schlüpfen entwickeln die Jungvögel eine Drüse am Bürzel, die ein stinkendes Sekret bildet. Dieser Gestank, der auch von den brütenden Weibchen ausgeht, kann den ganzen Nistplatz durchdringen. Dringt er in die Nase eines sich nähernden Säugers, wirkt er als Abschreckmittel und hält potenzielle Nesträuber auf Abstand.

Im Alter von sechs Tagen entwickeln die jungen Wiedehopfe eine weitere physische wie auch olfaktorische Verteidigungsmaßnahme. Wenn ein räuberischer Säuger so dumm sein sollte, sich dem Nest bis auf geringe Entfernung zu nähern, können ihn die Nestling mit einem gezielten Urinstrahl beschießen, der genauso widerwärtig riecht wie der ekelhafte Geruch, der das Nest verpestet. Erstaunlicherweise können die Jungvögel einen Eindringling noch auf sechzig Zentimeter Entfernung zielsicher treffen. Steht der Räuber also vor dem Eingang der Nisthöhle, so muss er mit einem direkten Treffer rechnen.

Wenn das noch nicht reichen sollte, kann es der Nestling mit Einschüchterung versuchen. Für den Fall, dass der Eindringling die Botschaft noch nicht verstanden hat, können die Küken wie Schlangen zischen. Und wenn alles andere versagt, haben sie einen scharfen Schnabel, mit dem sie jeden Feind heftig attackieren können. Da erstaunt es nicht, dass die Überlebensrate von Wiedehopfjungen ungewöhnlich hoch ist.

Größte Kinderstube

NAME **Flamingo** *Phoenicopterus roseus*
VORKOMMEN Afrika und Eurasien
BESONDERHEIT riesige Jungvogelgruppen

Dieses Foto zeigt eine große Schar von Flamingoküken in der seichten Uferzone eines Sees in Spanien; auffällig ist das graue Gefieder der Jungen. Flamingos gehören zu den geselligsten Vögeln überhaupt und leben als Jung- wie auch als Altvögel in großen Ansammlungen. Die Kinderstuben der Flamingos können einige Tausend Jungvögel umfassen; beim Zwergflamingo *(Phoeniconaias minor)* in Ostafrika kommen an die 300 000 Küken zusammen und bilden die größte Ansammlung an Jungvögeln weltweit, die wir kennen.

Flamingos bauen ein kegelförmiges Nest aus Schlamm und legen nur ein einziges Ei; das Küken wächst nach dem Schlüpfen sehr rasch. Es verlässt das Nest nach höchstens fünf Tagen (bei Störung auch schon bereits nach fünf Tagen); es kann dann bereits laufen und schwimmen und schließt sich einer Gruppe Gleichaltriger an. Die Jungen sind so besser geschützt, denn ihre schiere Anzahl verringert das Risiko, von einem Räuber «ausgeguckt» zu werden, und die große Menge bietet einen gewissen physischen Schutz. Zunächst werden die Jungen von einigen Altvögeln bewacht (dabei handelt es sich wahrscheinlich um Vögel, die ihre eigene Brut verloren haben), aber nach ein paar Tagen gibt es für mehrere Hundert Jungvögel nur noch einen einzigen Wächter.

In der «Kinderstube» vertreiben sich die Jungvögel die Zeit; die Fütterung durch die jeweiligen Eltern erfolgt unregelmäßig zu verschiedenen Tages- und Nachtzeiten. Natürlich ist es nicht immer einfach für die Eltern, unter 300 000 anderen ihr Junges zu finden, aber irgendwie schaffen sie es offenbar. Vermutlich wissen die suchenden Eltern ungefähr, wo in der Menge sich ihr Junges aufhält, und der laute, persönliche und unverwechselbare Bettelruf des Kükens, den die Eltern aus der Nestlingszeit kennen, hilft ihnen, ihr Junges unter Tausenden herauszufinden.

Die beiden kleinen Trottellummen auf diesem Foto sind ein paar Wochen alt; die Jungen führen auf ihren steilen Brutfelsen ein angenehmes Leben mit ihren Eltern, die pro Tag rund 28 Gramm Nahrung herbeischaffen. Nistgeschwister gibt es bei Trottellummen nicht, daher gibt es auch keinen Streit ums Futter. Die einzige Aufgabe der beiden ist Fressen und Warten. Im Augenblick müssen sie sich um kaum etwas Sorgen machen. Aber in einer Woche stehen sie vor einer großen Herausforderung und vor dem Eintritt in eine neue Welt. Die jungen Trottellummen müssen vom Steilfels ins Meer gelangen – durch einen kühnen Sprung!

Auf den ersten Blick scheint es, als sei dieses erst zu einem Viertel ausgewachsene Küken überhaupt nicht vorbereitet auf einen Sprung von einem Steilfels, der unter Umständen 300 Meter hoch ist. Schließlich kann der Jungvogel nicht fliegen und sein Flügelgefieder ist erst rudimentär ausgebildet. Beim Sprung kann die junge Trottellumme also nur mit ihren Flügelstummeln flattern, sodass sie ihre Flugbahn kaum kontrollieren und ihren Fall nur leicht abbremsen kann. Da sie jedoch sehr leicht und flauschig ist, kann sie ein wenig gleiten. Bei diesem «Lummensprung» kommen sicherlich einige Küken um, doch die Überlebenschancen der meisten sind recht gut.

Dennoch herrscht in einer Trottellummenkolonie in der Nacht des Lummensprungs viel Aufregung; während die Altvögel ihren Nachwuchs laut und aufmunternd rufen, stehen die Küken Schlange, um von den besten Felsbändern abzuspringen. Die meisten Küken springen in der Abenddämmerung, weil ihre zahlreichen Feinde, hauptsächlich Möwen und Raubmöwen, um diese Zeit weniger zahlreich und aktiv sind. Der Lummensprung dauert nur wenige Sekunden, aber einigen Fressfeinden gelingt es dennoch, die jungen Trottellummen in der Luft oder auf dem Wasser abzufangen.

Wenn der Jungvogel schließlich glücklich im Wasser gelandet ist, gesellt er sich rasch zu seinem Vater, den er mithilfe individuell erkennbarer Rufe findet. Sobald beide Vögel zusammengefunden haben, schwimmen sie rasch aufs Meer hinaus, wo der Elternvogel sein Junges in der relativen Sicherheit der Hochsee noch mehrere Wochen lang füttert.

Mutigstes Küken

NAME	**Trottellumme** *Uria aalge*
VORKOMMEN	zirkumpolar in nördlichen Gewässern
BESONDERHEIT	springt von einem hohen Steilfelsen

Größter Spätentwickler

NAME **Wanderalbatros** *Diomedea exulans*
VORKOMMEN antarktische Gewässer
BESONDERHEIT brütet erst im Alter von zehn Jahren zum ersten Mal

Bis dieser junge Albatros zu brüten beginnt, werden etliche Jahre vergehen. In der Vogelwelt dauert es bei Albatrossen am längsten, bis sie das Alter und die Erfahrung erreicht haben, die nötig sind, um sich an das energetisch kostspielige und riskante Brutgeschäft zu wagen.

Detaillierten Studien zufolge beginnen Wanderalbatrosmännchen mit durchschnittlich 10,7 Jahren zu brüten, die Weibchen mit 10,4 Jahren. Einige Individuen warten gar, bis sie 13 Jahre alt sind. In diesem Fall hat der Vogel nach neueren Schätzungen 2,4 Millionen Kilometer zurückgelegt, bevor er beginnt, sich um Nachwuchs zu kümmern.

Warum beginnen Albatrosse so spät mit dem Brutgeschäft? Dafür gibt es mehrere Gründe; einer davon ist die Lebenserwartung. Erstens kann ein Vogel, der normalerweise dreißig Jahre und länger lebt, sich leisten, spät zu starten. Zweitens dauert es viele Jahre, bis ein Albatros ein so geschickter Fischer geworden ist, dass er die zusätzliche Last der Jungenversorgung schultern kann. Drittens brauchen Albatrosse lange, bis sie ihren Lebenspartner gefunden haben. Und viertens verhindern verschiedene soziale Faktoren wie die Verfügbarkeit eines Partners oder eines Nistplatzes unter Umständen, dass ein Vogel früh mit dem Brüten beginnt. Physiologisch gesehen, könnten Wanderalbatrosse früher mit dem Brutgeschäft anfangen, als sie es für gewöhnlich tun. Die Männchen haben bereits mit fünf Jahren denselben Testosteronspiegel im Blut wie brütende Altvögel und verfügen auch über adäquat entwickelte Hoden. Die Weibchen haben hingegen bis zum Alter von acht Jahren kleinere Eierstockfollikel als brütende Weibchen, und ihr Hormonspiegel spricht dafür, dass sie sich nicht früher fortpflanzen können. Also liegt der tatsächliche Zeitpunkt der ersten Brut etwas später als physiologisch zwingend.

Den Rekord für die späteste Erstbrut bei Albatrossen hält übrigens ein Verwandter des Wanderalbatros, der Graumantel-Rußalbatros *(Phoebetria palpebrata)*. Es ist nachgewiesen, dass ein Individuum dieser Art mit 16 Jahren zum ersten Mal gebrütet hat.

Der hier abgebildete Vogel hat etwas mit fast allen erwachsenen Schreiadlern gemeinsam: Höchstwahrscheinlich war er der Erstgeborene im Nest. Jüngere Geschwister haben eine derart geringe Überlebensrate, dass man sie vernachlässigen kann, und ihr Schicksal ist hart.

Wie fast alle großen Adlerarten legen Schreiadlerweibchen zwei Eier. Das erste Ei wird in der Regel drei Tage früher als das zweite Ei gelegt, und da es sofort nach dem Legen bebrütet wird, schlüpft das Küken auch drei Tage früher. Daher ist das Erstgeborene von Beginn an größer und schwerer als sein Geschwister.

Schreiadler legen vermutlich zwei Eier, um Ersatz zu haben, wenn das erste Küken nicht schlüpft. Damit setzen sie jedoch einen schrecklichen und ungleichen Kampf zwischen den beiden Geschwistern in Gang. Beide Küken reagieren außerordentlich aggressiv aufeinander, doch das Erstgeborene, das älter und größer ist, behält stets die Oberhand. Seine Attacken – es reißt dem jüngeren Vogel Dunen aus, pickt nach dessen Kopf oder schüttelt ihn – führen vielleicht nicht von sich aus zu lebensgefährlichen Verletzungen, doch sie schüchtern das jüngere Küken derart ein, dass es sich in eine Ecke des Horstes zurückzieht und stirbt, sei es durch Verhungern, Witterungseinflüsse oder Aus-dem-Nest-Fallen.

Der Tod des Zweitgeborenen ist so unausweichlich, dass man dieses Phänomen beim Schreiadler als Kain-und-Abel-Konflikt bezeichnet. Er führt jedes Jahr weltweit zu enormen Verlusten; wenn es, wie geschätzt, 50 000 brütende Schreiadlerpaare gibt, könnte es sein, dass jährlich möglicherweise etwa 40 000 zweitgeborene Küken sterben.

Schlimmste Geschwisterrivalität

NAME	**Schreiadler** *Aquila pomarina*
VORKOMMEN	Eurasien
BESONDERHEIT	das stärkere Küken tötet das schwächere

Eifrigste Feministin

NAME	**Westmöwe** *Larus occidentalis*
VORKOMMEN	Westküste von Nordamerika
BESONDERHEIT	zieht Küken ohne Vater groß

Dieses Westmöwenweibchen füttert sein Küken durch Heraufwürgen von Futter, eine Szene, wie man sie in Tausenden von Möwenkolonien in der ganzen Welt beobachten kann. Ein wunderbarer Schnappschuss, der ein typisches Bild einer Möwenkolonie zeigt!

Das abgebildete Küken lebt vielleicht in normalen «Familienverhältnissen», doch einige Westmöwenküken wachsen in sehr unkonventionellen Verhältnissen auf, wie man sie in der Vogelwelt höchstens noch bei einigen anderen Möwenarten findet. Diese Küken werden von «verheirateten» Paaren aufgezogen, die aus zwei Weibchen bestehen. Diese Weibchen verhalten sich genauso wie ein konventionelles Paar, tragen beide zum Nestbau bei, legen – beide oder auch nur eine Partnerin – Eier und kümmern sich beide um die Jungen, bis diese flügge sind. Allem Anschein nach handelt es sich um ein Nest wie alle anderen.

Diese eingeschlechtlichen Paare können erfolgreich Junge aufziehen, weil sich jede Partnerin von einem Nachbarmännchen befruchten lässt. Diese Weibchen-Weibchen-Paare sind jedoch nicht Folge einer homosexuellen Orientierung, sondern bilden sich in der Regel dann, wenn es in der Kolonie nicht genügend Männchen gibt. Die Nachbarmännchen sind nur zu gern bereit, zu kopulieren und Sperma zu spenden, denn das trägt zu ihrem eigenen Fortpflanzungserfolg bei, auch wenn sie sich weiterhin ihrer eigenen Partnerin und dem gemeinsamen Nachwuchs widmen.

Dieses Arrangement ist jedoch alles andere als ideal. Wie Messungen des Bruterfolgs gezeigt haben, können eingeschlechtliche Paare in der Regel nur halb so viele Junge großziehen wie konventionelle Paare; diese Anomalie wird durch eine erhöhte Sterilität der Eier hervorgerufen. Dass diese Praxis nicht perfekt ist, bedeutet jedoch keinesfalls, dass es sich nur um eine Randerscheinung und damit um eine Ausnahme handelt: In einer gut untersuchten Möwenkolonie bestanden zehn Prozent aller Paare ausschließlich aus Weibchen. Tatsächlich handelt es sich um eine praktische Anpassung in Kolonien, in denen das Männchen-Weibchen-Verhältnis unausgeglichen ist; in späteren Jahren können die Weibchen wieder heterosexuelle Paarbeziehungen eingehen.

Dieses männliche Fleckenflughuhn besucht ein Wasserloch in Botswana. Für diese Vögel ist das eine alltägliche Routine; da sie sich von Samen ernähren, müssen sie regelmäßig Wasser trinken und suchen frühmorgens eine zuverlässige Wasserquelle auf. Dieser Vogel geht offenbar noch einen Schritt weiter und nimmt gleichzeitig ein kühles Bad.

Hierbei handelt es sich jedoch um eine ganz besondere Art von Bad, das praktisch nur in der Familie der Flughühner vorkommt. Tatsächlich speichert dieses Männchen so viel Wasser in seinem durchnässten Brustgefieder, dass es mit einem Frischwasservorrat zu seinem Nest zurückkehren kann. Seine Küken warten durstig, und sobald das Männchen zum Nest zurückgekehrt ist, versammeln sie sich sofort vor seinem Bauch, um Wasser aus seinem Bauchgefieder zu saugen.

Um diesen «Wasserträgerdienst» leisten zu können, hat das Männchen in der Bauchregion speziell angepasste Federn. Bei diesen Federn sind die winzigen Fortsätze an den Federästen, die Federstrahlen, in trockenem Zustand spiralig gerollt und liegen in einer Ebene mit der Federfahne. Wenn diese Federstrahlen jedoch mit Wasser vollgesogen sind, entrollen sie sich und stehen in rechtem Winkel von der Federfahne ab; dadurch bilden sie einen dichten Flor, der das Wasser per Kapillarkraft aufsaugt. Das führt zu einer Wasseraufnahmekapazität, die höher ist als diejenige eines Badeschwammes; Schätzungen zufolge kann ein männliches Fleckenflughuhn pro Flug bis zu vierzig Milliliter Wasser tragen. Ein Teil geht jedoch beim Rückflug zum Nest durch Verdunstung verloren.

Bester Wasserträger

NAME **Fleckenflughuhn** *Pterocles burchelli*
VORKOMMEN südliches Afrika
BESONDERHEIT transportiert Wasser mithilfe seines Brustgefieders

Argwöhnischster Partner

NAME	**Kohlmeise** *Parus major*
VORKOMMEN	Eurasien
BESONDERHEIT	begleitet das Weibchen während des ganzen Tages

Zwei Kohlmeisen zanken sich an einer Badestelle. Es ist Frühling, und die Nerven der Männchen liegen blank. Die Spannung kocht über.

In dieser Jahreszeit muss jedes Kohlmeisenmännchen äußerst wachsam sein. In einem Zeitraum von rund zwei Wochen vor der ersten Eiablage bis zur letzten Eiablage (etwa vier Wochen später) gehen Kohlmeisenweibchen besonders gern fremd und gefährden damit die Vaterschaft ihres Partners. Obgleich Kohlmeisen monogam sind, suchen die Weibchen regelmäßig nach außerehelichen Paarungen, um die genetische Variabilität ihrer Gelege zu erhöhen. Es ist Sache der Männchen, ihre Partnerinnen davon abzuhalten.

Die Mühe, die sich die Männchen bei der Bewachung ihre Partnerin geben, ist bemerkenswert. Ihre beste Waffe ist der Gesang; jeden Morgen bei Tagesanbruch sucht sich das Männchen während dieser Zeit einen Ast direkt am Nesteingang und singt. Sobald das Weibchen wach und aktiv ist, kommt es ebenfalls nach draußen, wo das Männchen wartet, und beide kopulieren.

Den ganzen Tag hindurch lässt das Männchen in seiner Wachsamkeit nicht nach. Es begleitet das Weibchen auf Schritt und Tritt, verjagt unwillkommene Verehrer (wie hier zu sehen) und stellt sicher, dass nichts hinter seinem Rücken geschieht. In der Abendzeit ist seine Vaterschaft am stärksten gefährdet, denn die meisten Eier werden morgens gelegt. Ein Moment Unaufmerksamkeit kann ein Desaster bedeuten. Daher verdoppelt das Männchen seine Überwachungsbemühungen, bis das Weibchen schließlich das Nest aufsucht, um dort zu übernachten, noch immer vom Männchen eskortiert.

Um ganz sicherzugehen, bleibt das Männchen noch etwa eine Viertelstunde vor dem Nesteingang hocken. Erst dann ist es überzeugt, dass das Weibchen tatsächlich schläft, und schlüpft ebenfalls ins Nest.

Seltsamste Werbung

NAME **Tropfenlaubenvogel** *Chlamydera guttata*
VORKOMMEN West- und Zentralaustralien
BESONDERHEIT müht sich mehr als üblich, um Weibchen zu beeindrucken

Man muss Mitleid mit diesem Tropfenlaubenvogel haben – oder eigentlich mit jedem männlichen Laubenvogel. Kaum eine Art muss härter arbeiten, um die Zuneigung des anderen Geschlechts zu gewinnen. Bei den meisten Vogelarten reichen Singen und Balzen, aber beim Laubenvogel ist das nur die Hälfte der Ladenmiete. Laubenvogelmännchen singen und balzen zwar auch, aber sie geben sich darüber hinaus sehr viel Mühe mit einer speziellen Konstruktion, um Eindruck auf die Weibchen zu machen. Diese Konstruktion – die als «Laube» bezeichnet wird und ausschließlich zur Balz dient – verlangt von Männchen stundenlange beschwerliche Arbeit, und anschließend muss das gute Stück fast das ganze Jahr hindurch in Schuss gehalten werden. Die handwerkliche Qualität dieser Laube ist einer der entscheidenden Faktoren für das Weibchen, wenn es darum geht, einen Vater für ihren Nachwuchs zu wählen.

Die Laube des Tropfenlaubenvogels wird als Alleebau bezeichnet. Der Vogel errichtet mithilfe zahlreicher Stöckchen zwei parallel angeordnete Wände in rund 16 Zentimeter Abstand; jede Wand ist rund 36 Zentimeter lang und 23 Zentimeter hoch. An beiden Enden der Allee säubern die Männchen den Boden und schmücken ihn anschließend mit einer großen Zahl von dekorativen Objekten, in diesem Fall mit grünen Früchten; bei einigen Lauben können an die 200 derartige Objekte die Wände zieren. Der Architekt sammelt aber nicht nur Früchte, sondern auch gebleichte Knochen, Schneckengehäuse, Metall und selbst leere Patronenhülsen.

Als ob das nicht genug wäre, wird die Laube auch innen ein wenig dekoriert. Zu diesem Zweck wählt der Laubenvogel eine saftige Frucht und kleistert das Fruchtfleisch auf die Innenwände, als wolle er ihnen einen Farbanstrich verpassen. Aber die Weibchen sind nur außerordentlich schwer zufriedenzustellen, und so gelingt es manchen Männchen selbst nach jahrelanger Arbeit nicht, Vater zu werden.

Raffiniertester Fehlalarm

NAME	**Rauchschwalbe** *Hirundo rustica*
VORKOMMEN	in einem großen Teil der Welt
BESONDERHEIT	löst falschen Alarm aus

Rauchschwalben, vor allem kolonienbrütende Individuen, sind bekannt dafür, dass sie leicht vom Pfad der ehelichen Tugend abirren. Männchen wie Weibchen leben zwar in einer formalisierten Paarbindung, doch beide Geschlechter finden häufig Gelegenheit, sich mit fremden Partnern zu paaren und so genetisches Material auszutauschen.

Für ein Weibchen kann eine «außereheliche» Paarung von Vorteil sein, weil sie Sperma liefert, dessen Qualität derjenigen des sozialen Partners überlegen sein könnte. Für das Männchen ist die Vorstellung, dass seine Partnerin fremdgeht, ein Horror – das würde seine Vaterschaft infrage stellen. Daher bewachen Schwalbenmännchen ihre Partnerin rund um die Uhr. Das Männchen folgt seiner Partnerin in deren fruchtbaren Zeit überall hin, damit sie keine Gelegenheit findet, sich mit einem Fremden zu paaren.

Diese Art der Partnerbewachung ist jedoch nicht einfach. Manchmal verliert das Männchen seine Partnerin aus den Augen, was die potenzielle Bedrohung seiner alleinigen Vaterschaft stark erhöht. Was macht es also? Es stößt einen Alarmruf aus und warnt die Kolonie vor dem Angriff eines Räubers. Jeder Vogel fliegt sofort auf, und die ganze Kolonie schwirrt laut rufend in der Luft durcheinander.

Aber es gab gar keinen Angriff. Es ist ein absichtlich ausgelöster Fehlalarm. In dem dichten Durcheinander der Rauchschwalben kann das Männchen sein Weibchen jedoch viel leichter finden. Ein bisschen Täuschung kann unter gewissen Umständen eine große Hilfe sein – besonders, wenn es darum geht, das Weibchen auf dem Pfad der ehelichen Tugend zu halten.

Übelster Kidnapper

NAME **Drosselkrähe** *Corcorax melanorhamphos*
VORKOMMEN östliches Australien
BESONDERHEIT kidnappt Junge der Nachbargruppe

Die Drosselkrähe ist in den trockenen Landstrichen im östlichen Australien heimisch und gehört zu den seltsamsten Vögeln des Kontinents. Sie lebt in kleinen Gruppen von rund sieben Vögeln, die wie Polizisten, die ein Gelände durchkämmen, in einer Reihe schreitend nach Nahrung suchen, was ein wenig unheimlich aussehen kann.

Jede Gruppe bildet eine enge, dauerhafte Gemeinschaft, die aus einem dominanten Männchen, mehreren geschlechtsreifen Weibchen und ein paar noch nicht geschlechtsreifen Vögeln aus früheren Bruten besteht. Zur Brutzeit verteidigt die Gruppe ein gemeinsames Territorium, und alle Gruppenmitglieder beteiligen sich am Bau des ungewöhnlichen, napfförmigen Lehmnests sowie am Hudern und am Füttern der Jungen. Offenbar ist es fur Drosselkrähen so schwierig, ihre Jungen aufzuziehen, dass mindestens vier Altvögel nötig sind, damit die Aufzucht gelingt. Daher wächst die Zahl der Gruppenmitglieder nur sehr langsam.

Wenn die Gruppe zu klein ist, kennen Drosselkrähen jedoch einen Weg, die zu geringe Zahl der Helfer zu vergrößern. Sie zetteln einen Streit mit einer benachbarten Gruppe an und kidnappen einen der fremden Jungvögel. Während der häufigen Auseinandersetzungen zwischen den Clans hat man beobachtet, dass Altvögel einen Jungvogel umwarben, um ihn zu Gruppenwechsel zu veranlassen.

Die abgeworbenen Jungvögel bleiben zwar nicht immer bei ihren «Kidnappern», aber doch häufig genug und auf Dauer. Dadurch steigt die genetische Variabilität innerhalb einer Gruppe, und die Vögel haben bei der nächsten Brut einen wichtigen zusätzlichen Helfer.

Fragt man sich, welche Vogelarten wohl die Eier anderer Vögel zerstören, denkt man wohl kaum an kleinere Arten wie den Kaktuszaunkönig. An Kuckucke, Möwen und Greifvögel schon eher – sie sehen bösartig aus und haben einen entsprechend schlechten Ruf. Aber ein so netter kleiner Vogel wie ein Zaunkönig?

Nun ja, es ist so. Kaum zu glauben, aber Zaunkönige sind dafür berüchtigt, die Eier anderer Vögel zu zerstören, nicht nur von rivalisierenden Artgenossen, sondern auch die Gelege fremder Spezies. Der Kaktuszaunkönig beispielsweise macht sich regelmäßig in den Nestern eines kleinen Wüstenvogels, des Goldköpfchens *(Auriparus flaviceps)*, zu schaffen; dadurch kann der Bruterfolg dieser Art auf lokaler Ebene stark beeinträchtigt werden. Einmal im Nest, pickt der Zaunkönig in einem Akt von gezieltem Vandalismus sämtliche Eier an.

Der Kaktuszaunkönig ist in dieser Beziehung keineswegs der einzige Tunichtgut. In Nordamerika ist der Hauszaunkönig *(Troglodytes aedon)* dabei beobachtet worden, wie er die Nester benachbarter Meisen und Spatzen attackierte, während sich der Sumpfzaunkönig *(Cistothorus palustris)* häufig heftig mit dem Rotschulterstärling *(Agelaius phoeniceus)* streitet, der sehr viel größer ist als der Angreifer selbst.

Aber warum tun diese Zaunkönige so etwas? In der Regel werden die Eier nicht gefressen, daher geht es wohl nicht um Nahrungsbeschaffung. Bei Höhlenbrütern wie dem Hauszaunkönig könnte der Grund sein, sich einen langfristigen Nachschub an Nistmöglichkeiten zu sichern. Der Kaktuszaunkönig verhält sich möglicherweise so, um die Ressourcenkonkurrenz durch Nachbarvögel in seinen Lebensraum möglichst auszuschalten. Warum sich Zaunkönige im Gegensatz zu anderen Kleinvögeln häufig so verhalten, ist noch nicht völlig geklärt.

Schlimmster Eiervandalismus

NAME **Kaktuszaunkönig** *Campylorhynchus brunneicapillus*
VORKOMMEN Wüstengebiete in Nordamerika
BESONDERHEIT zerstört die Eier anderer Vögel

Heftigste Verteidigung des Nestes

NAME **Schnee-Eule** *Bubo scandiacus*
VORKOMMEN Tundra der Nordhalbkugel
BESONDERHEIT greift menschliche Eindringlinge an

Schnee-Eulen sind dank ihres runden Kopfes, ihres plüschigen Aussehens, ihres reinweißen Gefieders und ihres in Büchern und Filmen propagierten freundlichen Wesens außerordentlich beliebt. Aber wenn Sie in der nordamerikanischen oder eurasischen Tundra auf einen solchen Vogel treffen sollten, dürfen Sie sich von seinem gutmütigen Aussehen nicht täuschen lassen. Diese Eule ist groß und reagiert gelegentlich äußerst aggressiv; sie wird Sie nicht umbringen, kann Ihnen aber schwere Verletzungen zufügen.

Die Schnee-Eule gehört zu einem Respekt einflößenden «Dreigestirn» nordischer Eulen, die man während der Brutzeit besser meiden sollte: Die beiden anderen sind der Bartkauz *(Strix nebulosa)* und der Habichtskauz *(Strix uralensis)*; während man letztere nur in Eurasien findet, kommen die beiden ersten Arten in der Alten und Neuen Welt vor. Diese Eulen können sich vollkommen furchtlos verhalten und greifen regelmäßig so wehrhafte Räuber wie Polarfüchse und Habichte *(Accipiter gentilis)* an; vom Bartkauz ist bekannt, dass er sogar schon versucht hat, seinen Nistplatz gegen Bären zu verteidigen.

Diese Eulen verhalten sich nicht grundlos so aggressiv und attackieren Menschen nur, wenn sie Junge im Nest haben; dabei reagieren manche Paare empfindlicher auf Störungen als andere. Aber das heißt nicht, dass sie nicht wehrhaft sind: Ihre Krallen sind so scharf, dass sie problemlos Kopfhaut oder Gesicht eines Menschen aufschlitzen und ihn im schlimmsten Fall sogar blenden können.

Da diese Eulenarten zudem fast immer von hinten angreifen und einen fast lautlosen Flug haben, kann die Attacke völlig überraschend kommen. Eine Schnee-Eule versucht vielleicht, einen Menschen im Angriffsflug zu streifen, doch die anderen beiden Eulenarten konzentrieren die Attacke auf Kopf und Schultern. Und Eulen können bei ihren Angriffen durchaus hartnäckig sein. Ein Ornithologe beobachtete, dass die Angriffsflüge mindestens fünf Minuten lang dauern und insgesamt zwanzig Minuten anhalten können.

Da diese Eulen in Jahren, in denen die Nagerpopulationen klein sind, unter Umständen gar nicht brüten, werden die Nistplätze in den Jahren, in denen es zur Brut kommt, besonders heftig gegen Eindringliche verteidigt.

Schmutzigste Verteidigung des Nestes

NAME **Wacholderdrossel** *Turdus pilaris*
VORKOMMEN nördliches Eurasien
BESONDERHEIT stürzt sich auf Nesträuber und bombardiert diese auf besondere Weise

Im Winter verhalten sich Wacholderdrosseln, die früher auch als Krammetvögel bezeichnet wurden, kaum anders als andere Vertreter der Drosselfamilie. Sie ernähren sich von Früchten und kleinen Wirbellosen und leben in lockeren Trupps. In ihrem Brutgebiet zeigen Wacholderdrosseln jedoch ein seltsames Verhalten, das bisher bei noch keiner anderen Vogelart beobachtet werden konnte.

Auch in der Brutzeit leben Wacholderdrosseln gesellig; die Vögel brüten für gewöhnlich in großen, lockeren Ansammlungen, die zu weitläufig sind, um als Kolonien bezeichnet zu werden. Werden die Nester jedoch von Nesträubern bedroht, kommt es zu einer starken nachbarlichen Solidaritätsaktion, und die Vögel verteidigen die kollektive Sicherheit gemeinsam. Das passiert nur auf dem Höhepunkt der Brutzeit, wenn die Jungen in ihren Nestern sitzen.

Dringt beispielsweise eine Krähe in das Brutgebiet ein, lässt die Reaktion nicht auf sich warten. Die adulten Wacholderdrosseln steigen hoch und stoßen, eine nach der anderen, ein lautes Kreischen aus, bevor sie sich auf den Eindringling stürzen und ihn mit einem Strahl flüssigen Kots bombardieren. Wenn sich genügend Wacholderdrosseln an der Aktion beteiligen, verklebt ihr Kot unter Umständen das gesamte Gefieder des Angreifers, und dieser muss sich zurückziehen, will er sein Leben nicht aufs Spiel setzen. Wenn die Federn allzu stark mit Kot verschmutzt sind und verkleben, wird sein Gefieder so geschädigt, dass er nicht mehr fliegen kann und schließlich umkommen wird.

Daher ist es nicht überraschend, dass viele andere Vogelarten ihre Nester bevorzugt in der Nachbarschaft von Wacholderdrossel-Brutansammlungen bauen. Dank dieser wirklich originellen Art der Verteidigung lässt sich dort eine Familie in ungewöhnlicher Sicherheit aufziehen.

Register

Kursiv gesetzte Zahlen verweisen auf Abbildungsseiten.

Accipiter gentilis 280
Aceros cassidix *234*, 235
Acrocephalus paludicola 178, *179*
Adler 130
  Harpyie 24, *25*
  Schreiadler *264*, 265
  Steinadler *124*, 125
Aechmophorus
  clarkii 87
  occidentalis *86*, 87
Aegolius funereus 162, *163*
Aethia cristatella 28, *29*
Aethia pygmaea 28
Afrika 12, 80, 105, 190, 193, 206, 207, 216, 219, 222, 259
Agapornis
  personatus 138
  roseicollis 138, *139*
  taranta 138
Agelaius phoeniceus 196–197, 278
Alaska 93, 206
Albatrosse 47, 83, 224
  Galapagosalbatros 220–221
  Graumantel-Rußalbatros 263
  Königsalbatros 142, *143*
  Wanderalbatros 10, *11*, 221, *262*, 263
Alcedo atthis *250*, 251
Alkenvögel
  Bartalk 28
  Dickschnabellumme 101
  Papageitaucher 102, *103*, 156
  Schopfalk 28, *29*
  Tordalk 102
  Trottellumme 102, 260, *261*
Alouatta sara 24
Alpen 129
Alpenbraunelle *58*, 59
Alpendohle *128*, 129
Alte Welt 48, 148, 251
Amazilia cyanura 88, *89*
Amazonas-Regenwald 24
Ameisen 55
  Treiberameisen 212
Anchoveta (Südamerikanische Sardelle) 151
Anden 33
Andenkondor *112*, 113
Anhinga
  anhinga 48
  melanogaster 48, *49*
Anser indicus 94, *95*
Antarktis 79, 101, 110, 224
Anthus spinoletta 208
Aptenodytes forsteri 79, *100*, 101, 110, *111*
Aquila
  chrysaetos *124*, 125
  pomarina *264*, 265
Arakakadu 200, *201*
Aras 24
Ardea alba 72, *73*
Ardeotis kori 44, *45*
Argentinien 255
Arktis 20, 68, 236, 260
Atlantik 84, 102
Atthis heloisa 17
Auerhuhn 166, *167*
Auriparus flaviceps 278
Australien 18, 23, 27, 56, 93, 117, 141, 161, 177, 200, 204, 244, 273, 277
Azoren 181

Balaeniceps rex *108*, 109, 134
Bandwürmer 148
Bartalk 28
Bartgeier *104*, 105
Bartkauz 280
Basstölpel 84, *85*
Beifußhuhn 166
Bergpieper 208
Beringmeer 28
Bindenfregattvogel 42, *43*
Bindenruderente 60, *61*
Bienen 165
Bienenelfe *16*, 17
Blaumeise 228, *229*
Blauschwanzamazilie 88, *89*
Blutschnabelweber 194, *195*
Bombycilla garrulus 114, *115*
Bonasa umbellus 166
boreale Wälder 162
Botaurus stellaris 118
Botswana 269
Braundrossel 117
Braunkopf-Kuhstärling *242*, 243
Breitschwanz-Sichelhopf 56
Brillenvögel
  Graumantel-Brillenvogel 145
  Japanbrillenvogel 144–145
Britische Inseln 166
Brüllaffe, Bolivianischer 24
Bubo scandiacus 280, *281*
Buphagus erythrorhynchus *172*, 173
Butorides virescens 154–155

Calidris
  canutus 91
  ferruginea *184*, 185
  maritima *188*, 189
Campylorhynchus brunneicapillus 278–279
Caprimulgus europaeus *50*, 51
Cardinalis cardinalis *226*, 227
Carduelis tristis *238*, 239
Carolinaspecht *198*, 199
Casuarius casuarius 18, *19*
Cathartidae 134
Centrocercus urophasianus 166
Chaetocercus 17
Chauna torquata 52, *53*
Chile 255
Chile-Pelikan 151
Chlamydera guttata *272*, 273
Ciconiidae 134
Circus cyaneus *230*, 231
Cistothorus palustris 278
Clarktaucher 87
Corcorax melanorhamphos *276*, 277
Cuculus canorus 243
Cyanistes caeruleus 228, *229*
Cygnus olor 44
Cypseloides senex *246*, 247

Dacelo novaeguineae 117
Dickschnabellumme 101
Diomedea
  epomophora 142, *143*
  exulans 10, *11*, 221, *262*, 263
Dreilappenkotinga 118, *119*
Dreizehenmöwe 156
Drepanididae 145
Dromaius novaehollandiae 204, *205*
Drosselkrähe *276*, 277
Drosseln
  Braundrossel 117
  Tasmanerddrossel *160*, 161
  Wacholderdrossel *282*, 283
  Walddrossel 243
  Wanderdrossel 121
Dryocopus martius *54*, 55
Dumbacher, Jack 37

Eciton burchelli 212
Ecuador 212
Egretta ardesiaca 152, *153*

Eicheln 169
Eichelspecht *168*, 169
Eiderente 236, *237*
Eisvogel *250*, 251
Elfenbeinmöwe 68, *69*
Emu 204, *205*
Engraulis ringens 151
Ensifera ensifera *32*, 33
Enten
  Bindenruderente 60, *61*
  Eiderente 236, *237*
Epimachus fastuosus 56
Eselspinguin *78*, 79
Española (Hood Island) 170
Eulen
  Bartkauz 280
  Habichtskauz 280
  Raufußkauz 162, *163*
  Schleiereule122, *123*
  Schnee-Eule 280, *281*
  Eulenschwalm *26*, 27
Eurasien 51, 55, 59, 71, 93, 105, 129, 133, 166, 189, 191, 203, 206, 216, 252, 256, 259, 265, 270, 280, 283
Europa 114, 179, 208, 222, 228
Eurypyga helias 186, *187*
Everest, Mount 94

Fadenhopf 56
Falcipennis canadensis 166
Falco peregrinus *96*, 97
Falken
  Halsband-Zwergfalke 130
  Wanderfalke *96*, 97
Faultiere 24
Feenseeschwalbe 248, *249*
Felsenzaunkönig *136*, 137
Ficedula hypoleuca 222, *223*
Finken 67, 224
Fischerturako *66*, 67
Flamingos 41, 60, 133
  Flamingo *258*, 259
  Zwergflamingo12, *13*, 259
Fleckenflughuhn *268*, 269
Fleckensteißhuhn *46*, 47, 60
Flughühner
  Fleckenflughuhn *268*, 269
  Steppenflughuhn 38, *39*
Fratercula arctica 102, *103*, 156
Fregata minor 42, *43*

Galapagosalbatros 220–221
Galapagosinseln 170, 181, 220
Galbula ruficauda 106, *107*
Gänsegeier 190, *191*
Geococcyx californianus *34*, 35
Geier 24, 41, 113
  Bartgeier *104*, 105
  Gänsegeier 190, *191*
  Neuweltgeier 134
  Sperbergeier 129
Gebirge 59, 105, 129, 208
Glockenreiher 152, *153*
Graumantel-Brillenvogel 145
Graumantel-Rußalbatros 263
Grünreiher 154–155
Grünspecht 55
Goldscheiteltaucher *254*, 255
Goldzeisig *238*, 239
Goldköpfchen 278
Grasmücken 67
  Seggenrohrsänger 178, *179*
Graurücken-Leierschwanz *116*, 117
Grönland 207
Großtrappe 44
Grus japonensis 98, *99*
Guanoscharbe *150*, 151
Guanotölpel 151
Guanovögel 151
Guyana 64
Gygis alba 248, *249*
Gypaetus barbatus *104*, 105
Gyps
  fulvus 190, *191*
  rueppellii 129

Habicht 280
Habichtskauz 280
Halsband-Ameisenvogel 212, *213*
Halsband-Wehrvogel, Tschaja 52, *53*
Halsband-Zwergfalke 130
Harpia harpyja 24, *25*
Harpyie 24, 25
Haubentaucher 148, *149*
Haussperling 194
Hauszaunkönig 278
Hawaii 145
Helmhornvogel *234*, 235
Helmkasuar 18, *19*
Helmperlhuhn *218*, 219
Himalaja 94, 129
Hirundo rustica *62*, 63, 274, *275*

Hoatzin 64, *65*
Höckerschwan 44
Hokkaido, Japan 98
Honduras 212
Hood Island (Española) 170
Hood-Spottdrossel 170, *171*
Humboldtstrom 151
Hyocichla mustelina 243

Ibisse 186
Iguazu-Wasserfälle, Südamerika 247
Indicator indicator *164*, 165
Indien 94, 182
Irediparra gallinacea *22*, 23
Irland 166
Island 236

Jägerliest, Lachender Hans 117
Japan 98, 144
Japanbrillenvogel 144–145

Kaiserpinguin 79, *100*, 101, 110, *111*, 133
Kakadus 68
  Arakakadu 200, *201*
Kakapo 118
Kaktuszaunkönig 278–279
Kammblatthühnchen *22*, 23
Kampfläufer *70*, 71
Kea 174, *175*
Kanada 207
Kasuare 114
  Helmkasuar 18, *19*
Kiefernhäher 208, *209*
Kleidervögel 145
Knutt 91
Kohlmeise 270, *271*
Kolibris 47, 67
  Bienenelfe *16*, 17
  Blauschwanzamazilie 88, *89*
  Riesenkolibri 88
  Rosenkehlelfe 17
  Roter Zwergschattenkolibri 17
  Schwertschnabelkolibri *32*, 33
Kolumbien 169
Königsalbatros 142, *143*
Kormorane 48
  Guanoscharbe *150*, 151
Kornweihe *230*, 231
Kragenhuhn 166
Kraniche 118

  Mandschurenkranich 98, *99*
Krähen 283
Kuba 17, 159
Kuckucksvögel
  Kuckuck 243
  Wegekuckuck *34*, 35
Küstenseeschwalbe 156

Lagopus
  lagopus 20, *21*,
  scotica 166
Larus
  argentatus 252, *253*
  occidentalis 266, *267*
Lappentaucher
  Clarktaucher 87
  Goldscheiteltaucher *254*, 255
  Haubentaucher 148, *149*
  Renntaucher *86*, 87
Lawrence, Louise de Kirilene 121
Leipoa ocellata *140*, 141
Lek (Balzarena) 71, 75
Lemminge 189
Leptoptilos crumeniferus *40*, 41
Limosa lapponica *92*, 93
Lungenfisch 109

Madeira-Wellenläufer *180*, 181
Malurus cyaneus *176*, 177
Mandschurenkranich 98, *99*
Manorina melanocephala 244, *245*
Maskenweber 126, *127*
McClean, Phillip 18
Meere
  südliche Ozeane 10, 263
  tropische Meere 42, 83
Meerstrandläufer *188*, 189
Meisen 224, 278
  Blaumeise 228, *229*
  Kohlmeise 270, *271*
Melanerpes
  carolinus *198*, 199
  formicivorus *168*, 169
Mellisuga helenae *16*, 17
Menura novaehollandiae *116*, 117
Merops bullockoides *192*, 193
Mexiko 35
Mikroorganismen 64, 141
Milane 186
Mönchsgrasmücke *202*, 203
Molothrus ater *242*, 243

Moorschneehuhn 20, *21*
Schottisches 166
Morus bassanus 84, *85*
Möwen 102, 260
Dreizehenmöwe 156
Elfenbeinmöwe 68, *69*
Silbermöwe 252, *253*
Westmöwe 266, *267*
Musophagidae 67
Mycteria americana 134, *135*
Myriophyllum 255

Nachtschwalben
Winternachtschwalbe *210*, 211
Ziegenmelker *50*, 51
Namibia 130
Nazca-Tölpel 170
Nesomimus macdonaldi 170, *171*
Nestor notabilis 174, *175*
Neuguinea 18, 36, 56, 200
Neuseeland 93, 142, 174, 232
Neuweltgeier 134
Nordafrika 129
Nordamerika 30, 35, 75, 87, 121, 137, 155, 166, 169, 189, 196, 199, 206, 208, 211, 227, 239, 243, 266, 279, 280
Nothura maculosa *46*, 47
Nucifraga columbiana 208, *209*
Numida meleagris *218*, 219

Oceanodroma castro *180*, 181
Oenanthe oenanthe 206–207
Opisthocomus hoazin 64, *65*
Ostafrika 44, 67, 80, 173, 259
Ostasien 98
Otis tarda 44
Oxyura vittata 60, *61*
Ozeane *siehe* Meere

Pagodroma nivea 224, *225*
Pagophila eburnea 68, *69*
Papageien 138, 174
siehe auch Aras, Kea, Unzertrennliche
Papageitaucher 102, *103*, 156
Paradiesvögel
Breitschwanz-Sichelhopf 56
Fadenhopf 56
Raggiana-Paradiesvogel 56, *57*
Strahlenparadiesvögel 56
Wimpelträger 56
Paradisaea raggiana 56, *57*
Parotia 56
Parus major 270, *271*
Passer domesticus 194
Patagona gigas 88
Pavo cristatus 182, *183*
Pelecanus
onocrotalus 216, *217*
thagus 151
Pelikan
Chile-Pelikan 151
Rosapelikan 216, *217*
Peru 151
Pfau 63, 182, *183*
Pfuhlschnepfe *92*, 93
Pinguine
Kaiserpinguin 79, *100*, 101, 110, *111*, 133
Eselspinguin *78*, 79
Phaenostictus mcleannani 212, *213*
Phaethornis ruber 17
Phalacrocorax bougainvillii *150*, 151
Phalaenoptilus nuttallii *210*, 211
Philetairus socius 130, *131*
Philomachus pugnax *70*, 71
Phoebastria irrorata 220–221
Phoebetria palpebrata 263
Phoeniconaias minor 12, *13*, 259
Phoenicopterus roseus *258*, 259
Picus viridis 55
Pitohui dichrous 36–37
Ploceus velatus 126, *127*
Podargus strigoides *26*, 27
Podiceps
cristatus 148, *149*
gallardoi *254*, 255
Polarfüchse 189, 280
Polihierax semitorquatus 130
Porphyrio porphyrio 232, *233*
Prachtstaffelschwanz *176*, 177
Präriehuhn *74*, 75
Probosciger aterrimus 200, *201*
Procnias tricarunculatus 118, *119*
Prunella collaris *58*, 59
Pteridophora alberti 56
Pterocles burchelli 268, 269
Puerto Rico 159
Pukeko 232
Purpurgrackel 196
Purpurhuhn 232, *233*
Pygoscelis papua *78*, 79
Pyrrhocorax graculus *128*, 129

Quelea quelea 194, *195*
Quiscalus quiscula 196

Raggiana-Paradiesvogel 56, *57*
Raubmöwen 102, 260
Schmarotzerraubmöwe 156, *157*
Rauchschwalbe *62*, 63, 274, *275*
Raufußhühner 64, 166
Auerhuhn 166, *167*
Beifußhuhn 166
Kragenhuhn 166
Moorschneehuhn 20, *21*
Präriehuhn *74*, 75
Schottisches Moorschneehuhn 166
Tannenhuhn 166
Raufußkauz 162, *163*
Raupen 228
Regenwald 18
siehe auch Amazonas-Regenwald
Regenwürmer 161
Reiher 48, 68, 72, 109
Glockenreiher 152, *153*
Grünreiher 154–155
Silberreiher 72, *73*
Renntaucher *86*, 87
Riesenkolibri 88
Riesentrappe 44, *45*
Rissa tridactyla 156
Rohrdommel 118
Rosapelikan 216, *217*
Rosenkehlelfe 17
Rosenköpfchen 138, *139*
Rotaugenvireo *120*, 121
Rotkardinal *226*, 227
Rotschnabel-Madenhacker *172*, 173
Rotschulterstärling 196–197, 278
Rotschwanz-Glanzvogel 106, *107*
Russland 185
Rußseeschwalbe *82*, 83
Rußsegler *246*, 247
Rynchops niger 30–31

Salpinctes obsoletus *136*, 137
Saugwurm 148
Savanne 14
Scherenschnabel, Amerikanischer 30–31
Schlangenhalsvogel, Amerikanischer 48, *49*
Schleiereule122, *123*
Schmarotzerraubmöwe 156, *157*
Schmetterlinge 106
Schmuckvögel 114
Schnee-Eule 280, *281*
Schneesturmvogel 224, *225*
Schnurrvögel 114
Schopfalk 28, *29*
Schreiadler *264*, 265
Schuhschnabel *108*, 109, 134
Schwarzkehl-Honiganzeiger *164*, 165
Schwarzköpfchen 138
Schwarzspecht *54*, 55
Schwertschnabelkolibri *32*, 33
Seelöwen 113, 170
Seeschwalben 42
Feenseeschwalbe 248, *249*
Küstenseeschwalbe 156
Rußseeschwalbe *82*, 83
Seggenrohrsänger 178, *179*
Segler 83
Rußsegler *246*, 247
Seidenschwanz 114, *115*
Sekretär 80, *81*
Seleucidis melanoleuca 56
Sibirien 93
Sichelstrandläufer *184*, 185
Siedelweber 130, *131*
Silbermöwe 252, *253*
Silberreiher 72, *73*
Somateria mollissima 236, *237*
Sonnenralle 186, *187*
South Georgia, Südatlantik 10
Spanien 259
Spechte 200
Eichelspecht *168*, 169
Schwarzspecht *54*, 55
Grünspecht 55
Carolinaspecht *198*, 199
Sperbergeier 129
Sperlinge, Spatzen 224, 278
Haussperling 194
Star *90*, 91, 196
Stärlinge
Braunkopf-Kuhstärling *242*, 243
Rotschulterstärling 196–197, 278
Stechmücken 145
Steinadler *124*, 125
Steinschmätzer 206–207
Steppenflughuhn 38, *39*
Steppengebiete 38

Stercorarius parasiticus 156, *157*
Sterna
fuscata *82*, 83
paradisaea 156
Störche 60
Marabu *40*, 41
Waldstorch 134, *135*
Sturmschwalben
Madeira-Wellenläufer *180*, 181
Sturmtaucher 83, 224
Sturmvögel
Schneesturmvogel 224, *225*
Strahlenparadiesvögel 56
Strauß 14, *15*, 17, 60, 204, 240, *241*
Streifengans 94, *95*
Streptopelia decaocto 132, 133
Strigops habroptila 118
Strix
nebulosa 280
uralensis 280
Struthio camelus 14, *15*, 240, *241*
Sturnus vulgaris *90*, 91
Subsahara-Afrika 14, 41, 80, 152, 165, 194, 240
Südafrika 240
Südamerika 24, 30, 47, 52, 60, 64, 106, 113, 134, 151, 186, 212, 247, 255
südliches Afrika 45, 126, 130, 138, 269
Südostasien 133
Sula
granti 170
variegata 151
Sulawesi 235
Sumpfzaunkönig 278
Sylvia atricapilla *202*, 203
Syrrhaptes paradoxus 38, *39*

Taiaroa Head, Neuseeland 142
Taiga 114
Tannenhuhn 166
Tarantapapagei 138
Tasmanerddrossel *160*, 161
Tauben 133
Tauraco fischeri 66, 67
Tausendblatt 255
Tetrao urogallus 166, *167*
Thermometerhuhn *140*, 141
Tibet 94
Todus multicolor *158*, 159
Tölpel 42
Basstölpel 84, *85*
Nazca-Tölpel 170
Guanotölpel 151
Tordalk 102
Trappen
Großtrappe 44
Riesentrappe 44, *45*
Trauerschnäpper 222, *223*
Treiberameisen 212
Triele 60
Troglodytes aedon 278
Tropeninseln 248
Tropfenlaubenvogel *272*, 273
Trottellumme 102, 260, *261*
Tundra 93, 156, 185, 189, 280
Turdus
lawrencii 117
migratorius 121
pilaris *282*, 283
Türkentaube *132*, 133
Tympanuchus cupido *74*, 75
Tyto alba 122, *123*

Unzertrennliche 138
Rosenköpfchen 138, *139*
Schwarzköpfchen 138
Tarantapapagei 138
Upupa epops 256, *257*
Uria
aalge 260, *261*
lomvia 101
USA 134

Vielfarbentodi *158*, 159
Vireo olivaceus *120*, 121
Vultur gryphus *112*, 113

Wacholderdrossel *282*, 283
Walddrossel 243
Wanderalbatros 10, *11*, 221, *262*, 263
Wanderdrossel 121
Wanderfalke *96*, 97
Watvögel, Limikolen 91
Webervögel 60, 138
Maskenweber 126, *127*
Siedelweber 130, *131*
Wegekuckuck *34*, 35
Weißstirn-Schwatzvogel 244, *245*
Weißstirnspint *192*, 193
Westasien 228
Westindische Inseln 159
Westmöwe 266, *267*
Wiedehopf 256, *257*
Wimpelträger 56
Winternachtschwalbe *210*, 211
Wüsten 211, 279

Zaunkönige
Felsenzaunkönig *136*, 137
Hauszaunkönig 278
Kaktuszaunkönig 278–279
Sumpfzaunkönig 278
Zentralafrika 109
Zentralamerika 24, 88, 106, 118, 212
Zentralasien 38
Ziegenmelker *50*, 51
Zoothera lunulata *160*, 161
Zosterops
japonicus 144–145
lateralis 145
Zweifarbenpitohui 36–37
Zwergflamingo 12, *13*, 259
Zwergschattenkolibri, Roter 17

Bildnachweis

Umschlag vorne © Vincent Munier/NPL; Umschlag hinten © (von links nach rechts) © Flip de Nooyer/Foto Natura/FLPA; © Konrad Wothe/Minden Pictures/FLPA; © Mike Lane/FLPA; ©Frans Lanting/FLPA; © Michael Quinton/Minden Pictures/FLPA; © Tui de Roy/Minden Pictures/FLPA; © National Geographic/Getty Images; © John Shaw/NHPA/photoshot; © Frans Lanting/FLPA; © Tui De Roy/Minden Pictures/FLPA

S. 11 © Dickie Duckett/FLPA; S. 12–13 © Elliott Neep/FLPA; S. 14–15 © Jürgen & Christine Sohns/FLPA; S. 16 © Mike Potts/NPL; S. 19 © National Geographic/Getty Images; S. 21 © Michael Quinton/Minden Pictures/FLPA; S. 22 © Roger Powell/Foto Natura/Minden Pictures/FLPA; S. 25 © Mark Jones/OSF/Photolibrary; S. 26 © Gerry Ellis/Minden Pictures/FLPA; S. 29 © Yva Momatiuk/John Eastcott/Minden Pictures/FLPA; S. 30–31 © Tony Crocetta/NHPA; S. 32 © Tui de Roy/Minden Pictures/FLPA; S. 34 © Marie Read/Woodfall/Photoshot; S. 36–37 © Daniel Heuclin/NHPA; S. 39 © Robin Chittenden/FLPA; S. 41 © Fritz Polking/FLPA; S. 43 © David Hosking/FLPA; S. 45 © Mike Wilkes/NPL; S. 46 © Gabriel Rojo/NPL; S. 49 © Neil Bowman/FLPA; S. 50 © Richard Brooks/FLPA; S. 53 © Luiz Claudio Marigo/NPL; S. 54 © Jordi Bas Casas/NHPA; S. 57 © Phil Savoie/NPL; S. 58 © Neil Bowman/FLPA; S. 61 © John Watkins/FLPA; S. 62 © Steve Knell/NPL; S. 65 © Flip de Nooyer/Foto Natura/FLPA; S. 66 © Gerard Lacz/FLPA; S. 69 © Chris Schenk/Foto Natura/FLPA; S. 70 © Roger Tidman/FLPA; S. 73 © David Hosking/FLPA; S. 74 © Tim Fitzharris/Minden Pictures/FLPA; S. 78 © Dickie Duckett/FLPA; S. 81 © Peter Blackwell/NPL; S. 82 © Winfried Wisniewski/FLPA; S. 85 © Solvin Zankl/NPL; S. 86 © Barbara von Hoffman/Photolibrary; S. 89 © Konrad Wothe/Minden Pictures/FLPA; S. 90 © Dickie Duckett/FLPA; S. 92 © Piet Munsterman/Foto Natura/FLPA; S. 95 © John Downer/NPL; S. 96 © Thomas Mangelsen/Minden Pictures/FLPA; S. 98–99 © John Shaw/NHPA; S. 100 © Norbert Wu/Minden Pictures/FLPA; S. 102–103 © Flip de Nooyer/Foto Natura/FLPA; S. 104 © Winfried Wisniewski/FLPA; S. 107 © Tui de Roy/Minden Pictures/FLPA; S. 108 © Konrad Wothe/Minden Pictures/FLPA; S. 111 © Frans Lanting/FLPA; S. 112 © Tui De Roy/Minden Pictures/FLPA; S. 115 © Tony Hamblin/FLPA; S. 116–117 © Dave Watts/NPL; S. 119 © Michael & Patricia Fogden/Minden Pictures/FLPA; S. 120–121 © Barry Mansell/NPL; S. 123 © Phil McLean/FLPA; S. 124 © Mike Lane/FLPA; S. 127 © Jürgen & Christine Sohns/FLPA; S. 128 © Konrad Wothe/Minden Pictures/FLPA; S. 131 © David Hosking/FLPA; S. 132 © David Hosking/FLPA; S. 135 © Yva Momatiuk/John Eastcott/Minden Pictures/FLPA; S. 136 © David Hosking/FLPA; S. 139 © David Hosking/FLPA; S. 140 © Eric Woods/FLPA; S. 143 © Tui De Roy/Minden Pictures/FLPA; S. 144–145 © Nature Production/NPL; S. 149 © Tony Wharton/FLPA; S. 150–151 © Jim Clare/NPL; S. 152–153 © Frans Lanting/FLPA; S. 154–155 © Malcolm Schuyl/FLPA; S. 157 © Staffan Widstrand/NPL; S. 158 © Lee Dalton/NHPA; S. 160 © Dave Watts/NHPA; S. 163 © Michael Quinton/Minden Pictures/FLPA; S. 164 © Wendy Dennis/FLPA; S. 167 © Andy Rouse/NHPA; S. 168 © S & D & K Maslowski/FLPA; S. 171 © Nick Upton/NPL; S. 172 © Richard du Toit/Minden Pictures/FLPA; S. 175 © John Cancalosi/NPL; S. 176 © Neil Bowman/FLPA; S. 179 © Mike Lane/NHPA; S. 180 © Roger Tidman/FLPA; S. 182–183 © Gerry Ellis/Minden Pictures/FLPA; S. 184 © Chris Schenk/Foto Natura/FLPA; S. 186–186 © Flip de Nooyer/Foto Natura/FLPA; S. 188 © Jean-Louis Le Moigne/NHPA; S. 191 © Bill Baston/FLPA; S. 192 © Tony Crocetta/NHPA; S. 194–195 © Winfried Wisniewski/FLPA; S. 196–197 © Tom Vezo/Minden Pictures/FLPA; S. 198 © Malcolm Schuyl/FLPA; S. 201 © Frans Lanting/FLPA; S. 202 © Roger Wilmshurst/FLPA; S. 205 © Norbert Wu/Minden Pictures/FLPA; S. 206–207 © Otto Faulhaber/Foto Natura/Minden Pictures/FLPA; S. 209 © T Kitchin & V Hurst/NHPA; S. 210–211 © John Shaw/NHPA; S. 213 © David Tipling/NPL; S. 217 © Urs Schweitzer/Imagebroker/FLPA; S. 218–219 © Frans Lanting/FLPA; S. 220–221 © Tui De Roy/Minden Pictures/FLPA; S. 223 © Derek Middleton/FLPA; S. 225 © Tui De Roy/Minden Pictures/FLPA; S. 226 © Tom Vezo/Minden Pictures/FLPA; S. 229 © Dave Watts/NHPA/Photoshot; S. 230 © Martin Woike/Foto Natura/FLPA; S. 233 © Ian Rose/FLPA; S. 234 © Tui De Roy/Minden Pictures/FLPA; S. 237 © Flip de Nooyer/Foto Natura/FLPA; S. 238 © Robert Lubeck/Photolibrary; S. 241 © Frans Lanting/FLPA; S. 242 © S & D & K Maslowski/FLPA; S. 245 © Jürgen & Christine Sohns/FLPA; S. 246–247 © Michael & Patricia Fogden/Minden Pictures/FLPA; S. 249 © Phil Chapman/NPL; S. 250 © Charlie Hamilton James/NPL; S. 253 © David Hosking/FLPA; S. 254 © Panda Photo/FLPA; S. 257 © Christophe Ratier/NHPA; S. 258 © Solvin Zankl/NPL; S. 261 © Paul Hobson/FLPA; S. 262 © Roger Tidman/FLPA; S. 264 © Dietmar Nill/NPL; S. 267 © Frans Lanting/FLPA; S. 268 © Frans Lanting/FLPA; S. 270–271 © Wim Weenink/Foto Natura/FLPA; S. 272 © Michael & Patricia Fogden/Minden Pictures/FLPA; S. 274–275 © Cyril Ruoso/JH Editorial/Minden Pictures/FLPA; S. 276–277 © Neil Bowman/FLPA; S. 278–279 © David Kjaer/NPL; S. 281 © Vincent Munier/NPL; S. 282 © Jürgen & Christine Sohns/FLPA.